日本の森のアロマ

～人と地球の未来を結ぶ～

稲本 正

日本産アロマを楽しむ前に知っていただきたいこと

エッセンシャルオイル（精油）は薬ではなく、アロマセラピーは医療行為ではありません。それをご理解の上、精油を使用する際には製品の取扱説明書や注意事項をよく読み、自己責任のもと正しくご使用ください。特に妊娠中の方や持病をお持ちの方、健康状態が気になる方などは必ず医師にご相談の上でご使用いただき、万一体調に異変を感じた場合はすぐに使用を中止し、医師の診察を受けてください。

本書の著者ならびに出版社は、精油の使用によって生じたいかなるトラブルに対しても一切の責任を負いかねることをご了承ください。

※本書は2010年に当社より刊行した『日本の森から生まれたアロマ』に、加筆・修正し新規の情報などを追加して再編集したものです。

はじめに

「アロマ」とは、一体何なのだろう。今一度よく考えてみなければいけない。一般には「良い香り」のことを指す。植物から抽出したオイルは「エッセンシャルオイル（精油）」と呼ばれ、それを使っていろいろなアロマ製品も作られている。

また、「セラピー」という英語は「治療」を意味するが、「アロマセラピー」といえば「植物などからの精油を使って、人を治療すること」と人々は理解している。

「アロマ」にしても「アロマセラピー」にしても、日本には欧米から輸入され、一時はブームになり一世を風靡するかの勢いさえあった。そして、人によっては「アロマこそあらゆる病気の特効薬！」という信奉者さえ現れた。しかし、私は父が医者だったこともあり、いわゆる「アロマ万能主義者」からは、かなり離れた人間であった。

それなのに何故、私が『日本の森のアロマ』にかくも肩入れしているのか？

この本は、その基本となる私の立ち位置を述べると同時に、アロマの基本を押さえる入門書として最適なものを提示しようとしている。ベースは過去に書いた『日本の森から生まれたアロマ』で、それをリニューアルし、今回上梓した。アロマに関心が今までなかった人にも、逆にアロマを数十年間も研究したり実践されてきた人にも、大いに参考になる内容にすべく、多くの人の意見を入れながらまとめ直してみた。

そこで、この「はじめに」で、まず次の基本を踏まえていただこうと思う。

(1)「アロマセラピー」で使われる精油は、植物が持つ「自己防衛力」や「他を引きつける力」

や「治癒力」を人間が使わせてもらっているので、まず植物をよく知ることが必要。

⑵アロマ（精油）が抽出できる植物は、過酷な自然環境や豊かな生態系の中で生育し、熱帯雨林などに多い。しかし、温帯の多雨林を国土の67％も持つ日本は、温帯の中でもっとも香る植物が存在する国であることを、多くの植物学者が認めていることの再認識。

⑶海外産や日本産を問わず、アロマ（精油）が内包する成分が、人間の心身に多いに影響を与えていることは、すでに言われ実証もされているが、日本産のアロマ（精油）についても近年は研究が大いに進行している。そのような中でアロマ（精油）の効果や効能を語るには、非常に複雑な要素がからむので、常に学びを深め適切な試行が必要。

⑷悲しいことに、現在の日本で流通している「アロマ」と名の付くものは玉石混淆《ぎょくせきこんこう》で、それを見極めるためにも、本物の日本産アロマ（精油）を学び広めることが必要だ。今や多くの研究熱心なアロマセラピストが、「日本産精油を知らずしてアロマは語れない」と言い始めており、日々の生活において予防医療的な役目を担い始めていることも認識したい。

⑸「日本の森のアロマ」は、日本の自然や文化と深く結びついているので、この本にあることを理解し試行することで、日本人としての真に豊かな教養が身につく可能性がある。

国際交流や地球環境問題が常に話題になる今日、日本人の誇りを持てる「自然」と共生できる未来を担う文化として、この『日本の森のアロマ』が皆さんの活動の一助になることを願っている。

第一章

日本産アロマの出発とこれから

五感のバランスが崩れた現代人

――日本産アロマに寄せる期待――

人類は産業革命以降、圧倒的な工業力で地球上を支配した。日々の生活の中でも工業製品をあふれさせ、むしろ無垢の自然素材が珍しいくらいになった。また情報化が進み、紙媒体だけでなく電子媒体からの情報が四六時中、身の周りにまとわりつくようになった。そのことがあたかも永遠の幸福へ導くかのごとく吹聴されたが、果たして本当にそうだろうか。周りに情報が多過ぎて、いささか閉口気味の人も多いのではないだろうか。しかも、テレビやインターネット、雑誌などを通じた人工的な情報のほとんどは、視覚や聴覚に届く。

例えば、テレビやインターネットは映像と音声ばかりで、当然、人はそこから香りなど期待しない。新聞や雑誌は視覚だけ、ラジオや電話も音だけの世界だ。よく考えてみれば、「映像と音声だけの情報」は誤った情報といえる。

なぜなら、波打ち際で波にたわむれようとすれば、波の音だけではなく潮の香りが常に付いてくる。また、森に入れば森の香りがする。私は、飛騨の本拠地と都会を行ったり来たりする生活を五十年くらいも続けているが、都会から飛騨に戻り森を散策すると、緑の葉のきらめきと共に木々を渡る風の音と森の香りに包まれ、とても心地よくてほっとする。

「潮の香りのない波」や「風が香らない森」は、自然の真実の情報ではない。いわば「誤情報」だ。人間がその誤った情報を受け取るようになったのは、比較的最近のことだ。

よくいわれることだが、人間はチンパンジーと九七%ぐらい遺伝子が同じだ。そして、ホモ・サピエンス・サピエンスになってから脳はそれほど大きな質的変化をしていない。だから、視覚・聴覚・味覚・触覚・嗅覚という五感のうち、あまりにも視覚と聴覚ばかりに刺激を受けるとバランスを崩してしまう。

テレビなどは視覚と聴覚に届く受動的な感覚だ。近年、インターネットや携帯電話もますます発展して、視覚と聴覚を刺激する情報が極端に増え続けている。この傾向は今後も加速の一途をたどるだろう。それに反比例して、嗅覚への刺激などはますます減少していく傾向にある。

この五感のアンバランスが、人々の心と体の健康に悪影響を及ぼし、時として不安を増大させる作用をしていることを、私自身も子供や若者への自然環境教育を通して実感している。それが、私を日本産アロマに力量を注ぐ大きな要素となっている。

私が住む飛騨高山のオークヴィレッジは三方を深い山に囲まれ、四季の変化に富み、野鳥や昆虫が飛び交う。

人の心身と森林環境

―『緑の生活』『森の旅』そして『森の精油』―

現代において、人間の心身の健康障害と、地球環境の破壊がどうも関係あるのではないか？　と思っている人は、意外と多いのではなかろうか。

確かに、それはある程度当たっていて、化学肥料と農薬と遺伝子操作による、自然循環から離れ始めた食物が氾濫し、それにより、免疫力が低下した家畜が生まれ、同時に人間の生命力の低下が危惧され始めた。また画像や映像では動物や昆虫は大好きだが、実際に触ったこともないし、触ることが恐ろしいという子供も多い。

そんな中で、アロマセラピーを始めた人の多くは、他人や自分自身の健康を取り戻すことを主目的にする人が多い。私も、確かにそのような目的がないわけではない。しかし、医者であった父親の職を継ぐことを断固として拒否し、原子物理から木工や木造建築に進んでしまった経緯もあり、よくあるパターンのアロマセラピストへの道は進まなかった。

それがなぜ、今、「日本産アロマ」にまい進しているかといえば、ひたすら、木が好きで森が好きで植物が好きだからだ。『緑の生活』（一九八二年角川書店）という実質的な私の処女作に、「植物たち」と題して、「私は当分の間、植物たちの身分向上運動というべきものに力を入れたいと思っている。……冬の風雪に耐える月日は涙ぐましいばかりの忍耐であり、春から初夏にかけての萌える若葉の喜び勇んだ姿は拍手したくなるような華々しさである」と書いている。

そして、私は木を加工するだけでなく、木を植えることを始め一九八一年に「ドングリの会」を出発させ、当時ないがしろにされていた広葉樹の植林と

オークヴィレッジの敷地内にある、比較的よく手入れしたナラ、クリ、ホオ、ニオイコブシなどの雑木林。

育林に力を入れた。また、日本の森を総点検したいと意気込んで『森の旅 森の人』、それから日本の森と木の文化の歴史を探る『森の形 森の仕事』(二作とも世界文化社)を出した。これらの本でも主張したが日本の最大の資源は、「奇麗な水」と「多様な木」だ。その二大資源は国土の六七%もある森の「恵み」である。英国や中国は一〇%台、「森」の国ドイツでも四〇%ぐらい、アマゾンがあるブラジルでも五〇%台の森林面積率でしかない。

私は多くのアロマセラピストとは別のアプローチで、世界に誇り得る「日本の森」の方から、人々の健康につなげるという方向で、「日本産アロマ」の開発を始めた。健康な森を大切にし、その健康な森の聖なる恵みとしてのアロマを頂くという考え方だ。したがってアロマの素材を集める時は常に森林の環境保全を念頭に置いている。それでは次に、私が具体的にはいかなるきっかけで、「日本産アロマ」を研究し、エッセンシャルオイル(精油)を抽出し始めたかの報告をしよう。

プランス氏は植物の研究だけでなく、環境教育にも熱心なことで名高い。

キューガーデン↓アマゾン↓日本

―『森の惑星』の旅で、ローズウッドと出会う―

その人は、長身の白髪で、紺のスーツをきりっと着こなし、いかにもイギリス紳士らしく傘を片手に持って、紛れもないクイーンズイングリッシュで答えてくれた。

世界一の植物園と目されている、英国のロイヤルキューガーデンの園長（一九九〇年代後半）ドクター・プランス氏に幸運にもインタビューできたのだ。プランス氏からはあまりにも多くの学ぶものがあったが、何よりも植物の多様さと生命力について語ってくれ、彼との出会いが、私が木が秘めるアロマに関心を持つ出発点となった。プランス氏は、熱帯《ねったい》多《た》雨林《うりん》の研究における大御所中の大御所であり、氏の紹介で、国立アマゾン研究所〈ＩＮＰＡ（インパ）〉を訪ねることになった。インパの創設にかかわったプランス氏の紹介があり、この研究所に勤めたこともある秋葉なつみさんの計らいで研究所所有の原生の実験林を歩くことになった。ニーロ・ヒグチという世界的にも名高い研究者が引率してくれたが、彼は案内の途中で、

「この原生林の生態系はとても豊かで、大いに誇るものですが、一つだけ欠点があります。それは、ローズウッドだけが欠落しているということなのです」と言い、「家具になったり、フランスの香水になった……」と付け加えた。

私はこの時、具体的に木から素晴らしい香り成分が採集でき、その香りのためにヨーロッパの人々がわざわざ、なんとアマゾンの奥地にまで入り込んだことを初めて知った。

確かに、アマゾン熱帯林の一部にあたる仏領ギアナのローズウッドからのアロマ（精油）は別名カイエンヌ油と呼ばれ、フランスに大量に輸出され香水になった。ローズウッドに関する記述を『アロマテラピーの教科書』（和田文緒著・新星出版社）から引用しよう。

「ローズウッドと呼ばれる木の幹からは、リナロールが豊富な精油が抽出されます。その香りには化学合成のリナロールは決してかないません。現在、この木は絶滅に瀕しています。香料としての需要が拡大し伐採され尽くしたことが原因です」

私はそんなアマゾンの夏での経験をした後、真冬の日本に帰り、アロママッサージを受けるようになり、アロマの有効性に開眼することになったのだ。

しかし、精油を抽出し始めてからもしばらくの間、自分が抽出したクロモジの精油と、アマゾンのローズウッドから抽出され世界を魅了した精油との関係を、明確な形では理解していなかった。

森から落ちるアマゾンのサン・アントニオの滝。豊かな水は森の生態系と保水力の証明。

香りが結ぶ新しい時代

―『yuica 結馨《ゆいか》』と名付けた訳―

文明の発達が、こんなにも人と自然をひき離すとは多くの人は思わなかったし、工業製品をあふれさせることによる永遠の豊かさという夢が、かくももろく崩れるとも思わなかった。半世紀前までは「憧れ」だった工業製品が、今では「まがい物」よばわりされている。そして、「まがい物」ではない「本物」で本当の豊かさを得るためには、化石資源を乱費するのではなく、もう一度、自然（地球）と人間（人類）を結び直す必要があると思い始めた人も多い。新型コロナによるパンデミックを体験して、私は今こそ自然と人間が新しいパラダイムで結び合うことでこそ、この困難な時代を乗り切る鍵があると思っている。

電子媒体による情報社会は、私たちの生活に革命的な変化をもたらし、誰もが瞬時に地球の裏側と交流することも可能にした。しかし、それだけでは何かが不足している。また、バーチャルな情報化は若者や子どもが自然から離れる原因にさえなっている。さらに、個人の健康を考えても、心と体の分離からくるストレスによる病気も多くなった。そして、情報の洪水化により、主に視覚と聴覚を意識的に司る大脳皮質には予想以上の過剰な刺激が増え、そのことが原因で、無意識に大脳辺縁系が司る免疫系や自律神経系や内分泌系が壊れつつあるとも言われている。幸い香りは大脳辺縁系にいい形で刺激を与え、大脳皮質とのバランスを取ることがわかってきた。それゆえ、香りは、意識と無意識をうまく結び直す役目ができると言われている。中でも「森の香り」は、精神のバランスと心と体のバランス、そして人と自然のバランスをとるための「結び役」として、大きな働きができることが明らかになった（七章に詳述）。

そこで、これからの時代に向けて新しい関係を築くべく、「人と自然を結び」「人と人を結び」「人の心と身体を結び」そして、「人の意識と無意識も結ぶ」ために、私たちは「日本の森のアロマ」を『結馨《ゆいか》ｙｕｉｃａ』と命名した。

「結《ゆい》」は古来、この国で人と人のつながりを暮らしに役立てようという地域の相互扶助の意味として使われてきた。また『馨』には「声」という文字が含まれていて、日本では香りを「聴く」という伝統があったことを踏まえてのことだ。香りを通して、今まで聞こえていなかった「自然の聲《こえ》」や「人の魂の聲」をきくことにより、過去と未来を結び直したいという願いをこめた。同時に「ｙｕｉｃａ」を国際商標登録をしたのは、世界の人々とも、「香りを通じた新しい結びつき」を願ってのことである。

私の家の裏を流れる谷川。丸木橋を渡って、敷地内のネイチャートレイルを歩くと30種ぐらいの樹々に出あえる。

第二章

日本の森のアロマを紹介

動かないのに元気な木

――樹木の生命力を都市に住む人に――

私の母は一〇〇歳を越えても認知症にもならず元気で、もしかすると日頃のアロママッサージで免疫力も確保されたからかもしれない。しかし、どんな免疫力の高い人でも二〇〇歳を超える人はいない。それに比べて、樹木は長生きである。

私が最初に長命な木の実物に出会ったのは、一九七四年に飛騨に引っ越してから間もなく旧清見村（岐阜県）のきこりの保木脇《ほきわき》さんに紹介された、彦谷の奥に立つナラの老木だ。

「直径が六尺（一八〇cm）はらくにあるから、樹齢は九〇〇歳ぐらいかのー」

と、保木脇さんは言っていたが定かではない。九〇〇歳はオーバーかもしれないが、直径三尺（九〇cm）ぐらいの木でも四〇〇歳～五〇〇歳ぐらいなので、あながち大間違いとはいえない。

その老木を彦左衛門と名付けたが、「なぜ、こんなに長生きできたのだろう」という素朴な疑問がわいた。当時はその疑問の答えとアロマとがつながらなかった。だが、よく考えてみれば、木は生まれたその地を絶対に動くことができず、昆虫や細菌が攻めてきても逃げだせず、それを振り払う手足を持っているわけでもない。木がかくも長生きするには、それなりにわが身を防御するためのシステムを持つはずだ。人間でいえば免疫システムを持つはずだ。

こういえば、勘のよい人は、おわかりになると思うが、芳香の精油成分、すなわちアロマこそが木をはじめとした植物のもっとも重要な防御手段なのだ。そして、その防御手段は人間が考え出した人工的な薬などより、多くの場合、優れている。木が何百年、何千年と長生きするほどの有効な免疫を備えているという事実がその優秀さを証明している。

そして、私たち人間は自然の生命力を森のアロマを通して恵んでもらっているわけだ。

日本の長寿の木の代表選手は縄文杉で、中心部は

ナラの中でも特にミズナラは大木になる。代表的な落葉広葉樹で、秋にはドングリがなる。

空洞で樹齢は判別しにくいが、大体三〇〇〇年だということだ。それでも、縄文時代には生まれたということは確かで、名前に負けず長寿であることには変わりはない。

私が出会った一番長寿の木は、アメリカのカリフォルニア州にある。「メトセラ」という名前まで付いているハイマツの一種で、ギネスブックにも載っていて二〇二〇年には四八〇二歳になった。生存場所は公表されていない（詳しくは『森の惑星』〈世界文化社〉）。ピラミッド建設と同じ時代に生まれた木が、アロマの力もあっていまだに生きているのはやはり驚異としかいえない。

今挙げた特別な木でなくとも、日本の元気な森に育つ元気な木も三〇〇年ぐらいは十分に生きる。これから説明する『日本の森のアロマ』は、まさに日本の森の木の生命力を、都市に住む人がもらい受ける大切な回路で、一言でいえば、「都会の真っただ中でも森林浴を味わうことができる」ということにつながる。

日本の森のアロマ・プロフィールの読み取り方

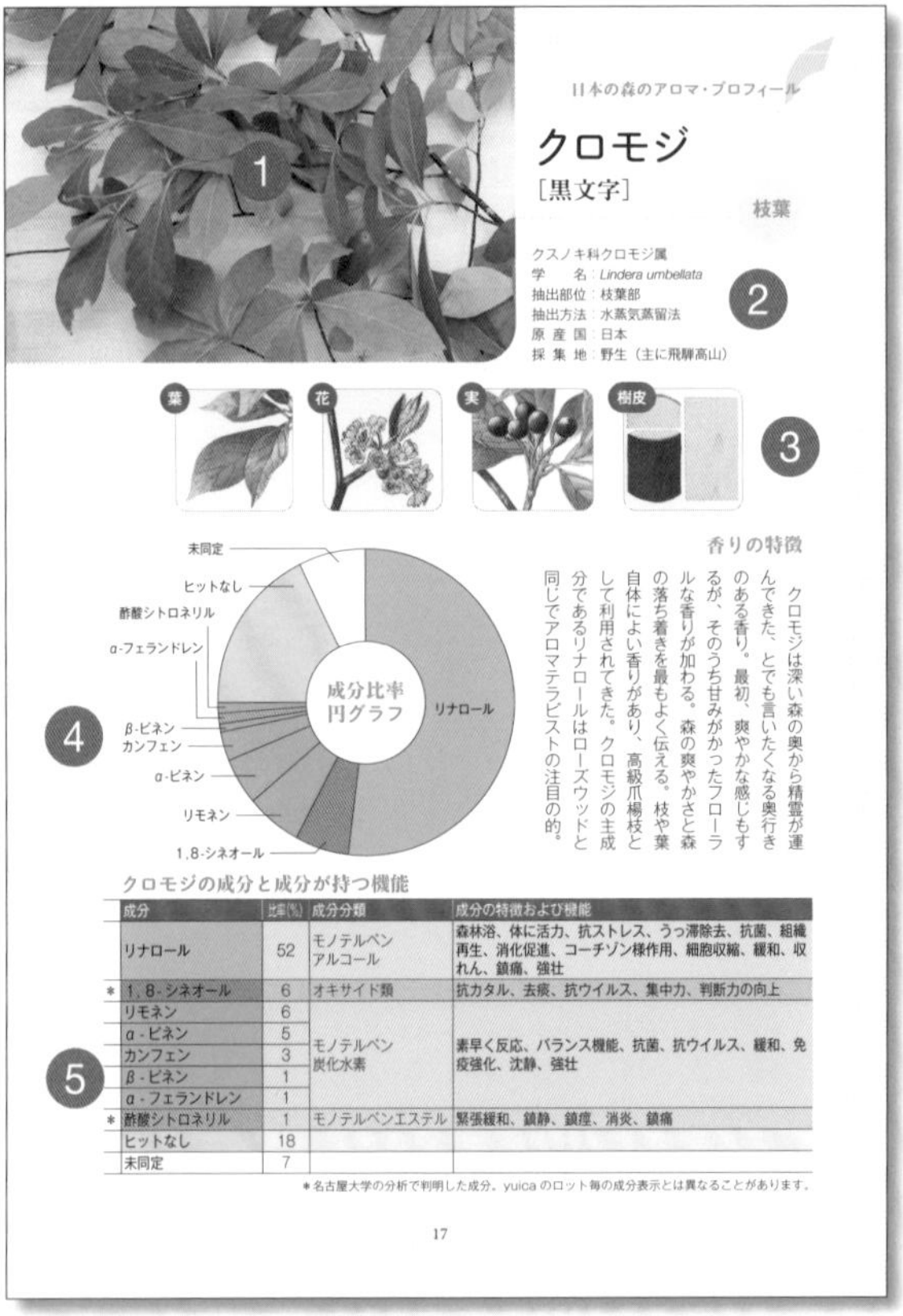

日本の森のアロマ・プロフィール

クロモジ

［黒文字］

枝葉

クスノキ科クロモジ属
学　　名：*Lindera umbellata*
抽出部位：枝葉部
抽出方法：水蒸気蒸留法
原 産 国：日本
採 集 地：野生（主に飛騨高山）

香りの特徴

クロモジは深い森の奥から精霊が運んできた、とても言いたくなる奥行きのある香り。最初、爽やかな感じもするが、そのうち甘みがかったフローラルな香りが加わる。森の爽やかさと森の落ち着きを最もよく伝える。枝や葉自体によい香りがあり、高級爪楊枝として利用されてきた。クロモジの主成分であるリナロールはローズウッドと同じでアロマテラピストの注目の的。

クロモジの成分と成分が持つ機能

成分	比率(%)	成分分類	成分の特徴および機能
リナロール	52	モノテルペンアルコール	森林浴、体に活力、抗ストレス、うっ滞除去、抗菌、組織再生、消化促進、コーチゾン様作用、細胞収縮、緩和、収れん、鎮痛、強壮
＊1，8-シネオール	6	オキサイド類	抗カタル、去痰、抗ウイルス、集中力、判断力の向上
リモネン	6	モノテルペン炭化水素	素早く反応、バランス機能、抗菌、抗ウイルス、緩和、免疫強化、沈静、強壮
α-ピネン	5		
カンフェン	3		
β-ピネン	1		
α-フェランドレン	1		
＊酢酸シトロネリル	1	モノテルペンエステル	緊張緩和、鎮静、鎮痙、消炎、鎮痛
ヒットなし	18		
未同定	7		

＊名古屋大学の分析で判明した成分。yuica のロット毎の成分表示とは異なることがあります。

17

❶抽出用素材そのままの写真

❷この部分の表記は重要で、学名や抽出部位、そしてその素材の素性（トレーサビリティ）が明記されていないエッセンシャルオイル（精油）は問題視されている。
また抽出法は、●水蒸気で素材から精油を運び出す水蒸気蒸留法、●素材に圧力をかけて搾り出す圧搾法、●ある物質に一度精油分を染み込ませ、その後物質を取り除く溶媒法、という三種類の方法がある。

❸部位により写真で解りにくいものは『日本森林樹木図譜』（講談社）から引用

❹成分の比率は素材の採集時期などにより、特に野生のものは時として大きく変化するので、ぜひそのことを理解して使ってほしい。

❺機能は成分から予想されるものでしかなく、医学的知見とは別のものと理解してほしい（P63～64 の説明を参照）。また、この入門書では説明しきれないものなので、『yuica 日本産精油総合講座』で学んでほしい。

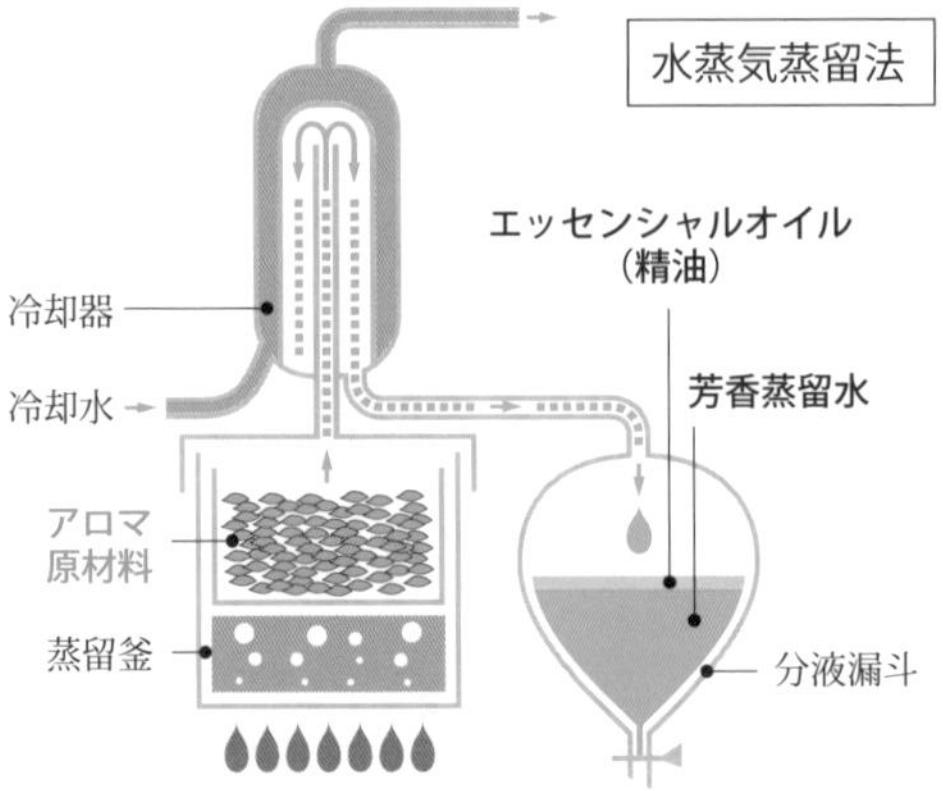

成分分析について

精油の分析にはGCMSガスクロマトグラフ質量分析計という機器を使う。成分分析の詳しいことは「アロマスクール」などで勉強してほしい。

※P16～37に掲載している成分グラフと表は、日本アロマ学会に発表した名古屋大学による成分分析をベースに作成。yuicaのロット毎の成分表示とは異なることがあります。

日本の森のアロマ・プロフィール

クロモジ

［黒文字］

枝葉

クスノキ科クロモジ属
学　　名：*Lindera umbellata*
抽出部位：枝葉部
抽出方法：水蒸気蒸留法
原 産 国：日本
採 集 地：野生（主に飛騨高山）

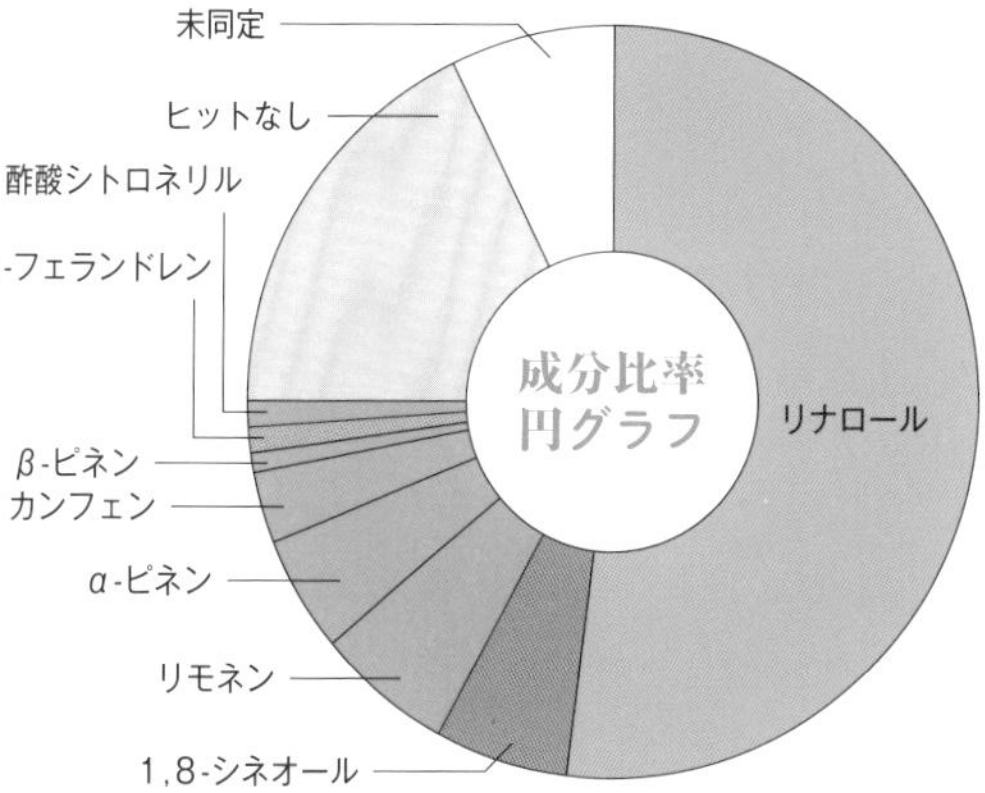

香りの特徴

クロモジは深い森の奥から精霊が運んできた、とでも言いたくなる奥行きのある香り。最初、爽やかな感じもするが、そのうち甘みがかったフローラルな香りが加わる。森の爽やかさと森の落ち着きを最もよく伝える。枝や葉自体によい香りがあり、高級爪楊枝として利用されてきた。クロモジの主成分であるリナロールはローズウッドと同じでアロマテラピストの注目の的。

クロモジの成分と成分が持つ機能

	成分	比率(%)	成分分類	成分の特徴および機能
	リナロール	52	モノテルペンアルコール	森林浴、体に活力、抗ストレス、うっ滞除去、抗菌、組織再生、消化促進、コーチゾン様作用、細胞収縮、緩和、収れん、鎮痛、強壮
＊	1，8-シネオール	6	オキサイド類	抗カタル、去痰、抗ウイルス、集中力、判断力の向上
	リモネン	6	モノテルペン炭化水素	素早く反応、バランス機能、抗菌、抗ウイルス、緩和、免疫強化、沈静、強壮
	α-ピネン	5		
	カンフェン	3		
	β-ピネン	1		
	α-フェランドレン	1		
＊	酢酸シトロネリル	1	モノテルペンエステル	緊張緩和、鎮静、鎮痙、消炎、鎮痛
	ヒットなし	18		
	未同定	7		

＊名古屋大学の分析で判明した成分。yuica のロット毎の成分表示とは異なることがあります。

クロモジは凄い！

――リナロールという宝――

「ローズウッドもクロモジもクスノキ科ですよ。ラテン名がラウラセア*Lauraceae*と同じですから」と、樹木にめっぽう強い、愛知県森林・林業技術センターの元所長である北川さんが言った。私が日本産アロマの本格的研究を経済産業省より委託されたときから参加している人物だ。

「そうか、同じクスノキ科だから、香りも似ているのか」

この木肌がクロモジの目印。採取した枝からほのかな香気がたつ。

さっそく当時、共同研究していた東京農業大学の浅野房世教授らや大研データと話し、成分分析を行った。またその後、二〇一二年のアロマ学会の総会で名古屋大学の今井貴規准教授と私の共同発表の後、『日本アロマセラピー学会誌』に「未利用森林資源から抽出された日本産精油の成分分析」という論文として掲載されている。

ローズウッドもクロモジも双方とも、リナロールを一番多く含んでいる。少しだけ違うのは、クロモジの方が、他にも多様な成分を含んでおり、それだけに香りが複雑なことだ。

クロモジの持つ香りのよさと、この成分分析だけでも、これはとんでもない発見だ。環境を保全しながら、ローズウッドの主成分のアロマが、日本の林床にあるクロモジから抽出できたのである。

このリナロールは、香りのよさから化粧品や香水などの香料として有用であり、これを大量に含むローズウッドは、合成香料ができるまで過剰な伐採の対象となっていた。

さらに、成分の機能からも抗菌性は予測されるが、実際に大研データで抗菌テストをしてもらうと、クロモジは、大腸菌、サルモネラ菌、そして黒カビ菌などをはねのけることがわかった。なるほど、かつて日本の一部の地方ではクロモジを歯ブラシとして使っていた理由も納得だ。

また何より「茶道」とクロモジの関係は興味深い。千利休と秀吉が「待庵《たいあん》」で、対座する姿を目に浮かべてみると、小柄で決断力はあるがどちらかといえば急ぎがちの秀吉が座ると、六尺豊かな利休がおもむろに庭先から取ってきたばかりのクロモジの楊枝を、ゆっくりと和菓子に添えて勧める。クロモジの楊枝は、新鮮なものだとことのほか香り高い。この香りに鎮静効果や免疫効果、さらに抗菌効果まである。そのことを利休が知っていたとすれば、「利休、恐るべし」といわざるを得ない。

お茶の世界は、単に、狭い空間でお茶を飲むだけの儀式ではなかった。香りも含めた、まさに五感のすべてを刺激して人生を見直す、それこそ心身をまるごと包み込むハイパー空間といえるだろう。そして、クロモジはその空間の隠れた主役とさえいえそうだ。私たちは、クロモジの底力とその秘めた可能性を徹底研究し、洗顔や入浴剤など多種多様な日用品を開発し、世に出している（八九ページなど参照）。

クロモジ精油とローズウッド精油のガスクロマトグラフの比較

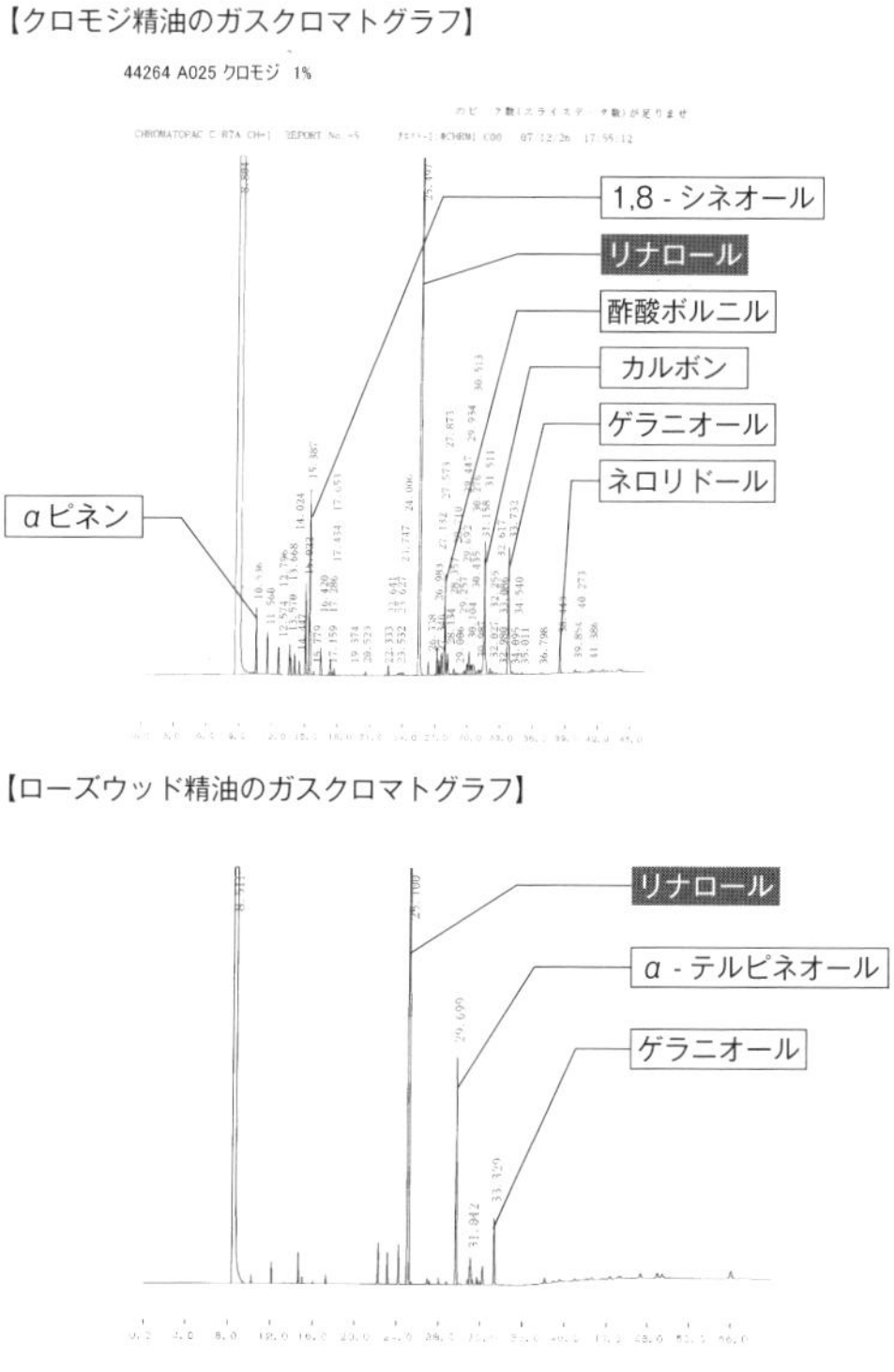

日本の森のアロマ・プロフィール

ヒノキ
［檜］

木

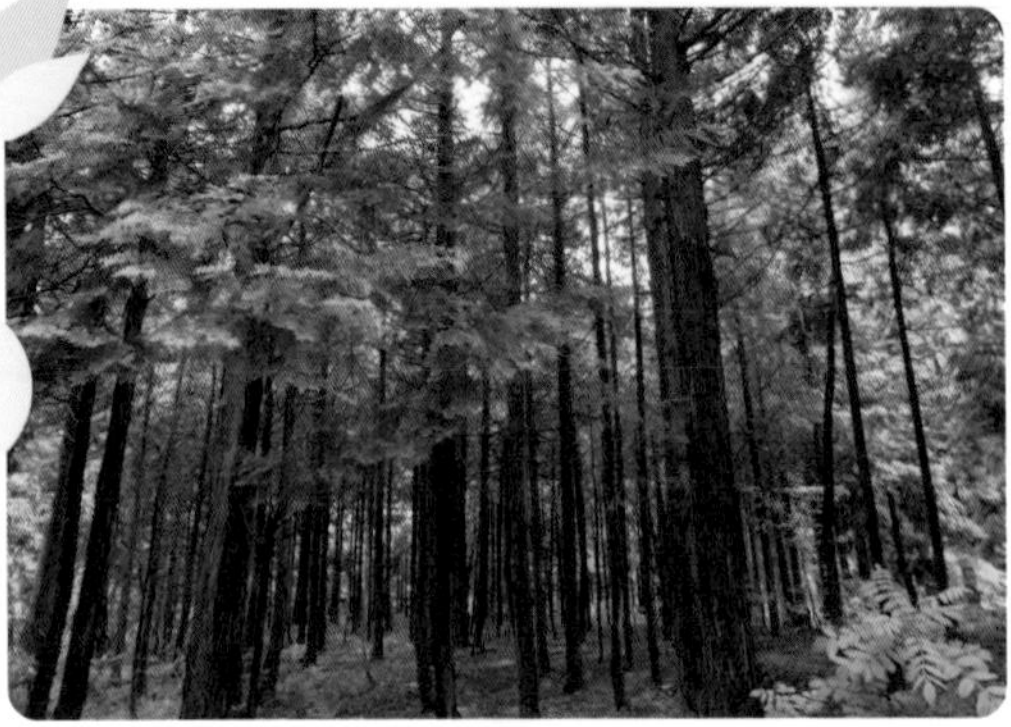

ヒノキ科ヒノキ属
学　　名：*Chamaecyparis obtusa*
抽出部位：木／枝葉／葉
抽出方法：水蒸気蒸留法
採 集 地：生育林（主に飛騨高山）

樹皮

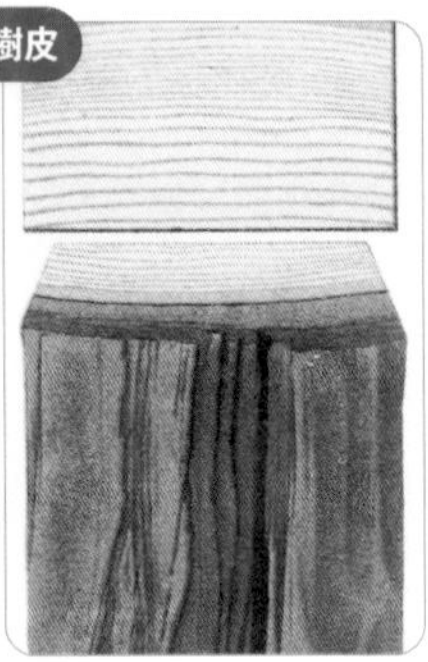

板目

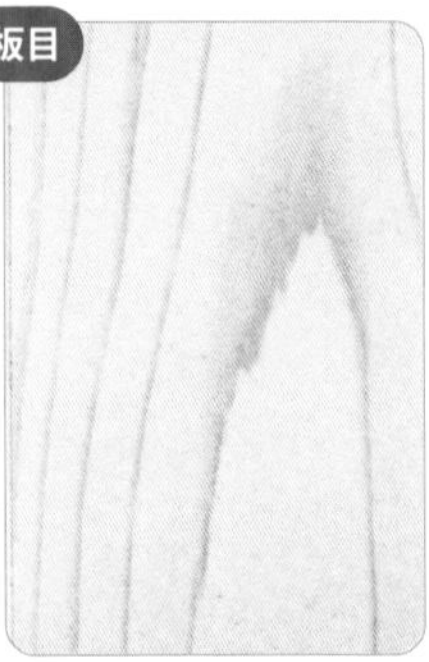

木の香りの特徴

木部はどちらかといえば爽やかな香りで、気分を爽快にしてくれる。しかも、この香りは、深い力強さも併せ持っている。

　この精油を嗅《か》ぐことで、いかにも檜造りの新築の家に漂う空気の感じが味わえる。

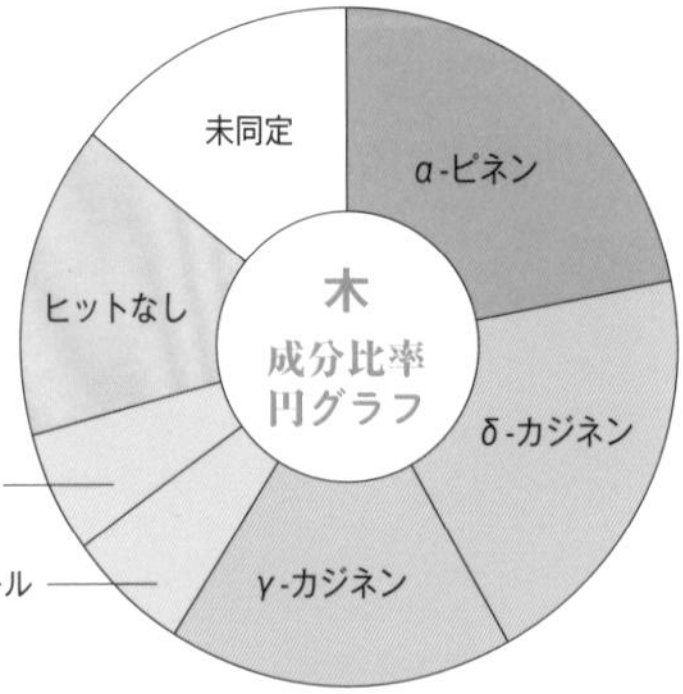

ヒノキ（木）の成分と成分が持つ機能

	成分	比率(%)	成分分類	成分の特徴および機能
	α-ピネン	22	モノテルペン炭化水素	素早く反応、バランス機能、抗菌、抗ウイルス、緩和、免疫強化、沈静、強壮
＊	δ-カジネン	20	セスキテルペン炭化水素	ゆっくり反応、消炎、鎮痛、うっ滞除去、（防虫・抗菌）
＊	γ-カジネン	17		
＊	カジン4エン10オール	6	セスキテルペンアルコール	ゆっくり反応、持続的に抵抗力を高める、抗菌、免疫調整、細胞修復、緩和、自律神経の調整、抗ストレス
	γ-ムロロール	6		
	ヒットなし	15		
	未同定	14		

＊名古屋大学の分析で判明した成分。yuicaのロット毎の成分表示とは異なることがあります。

枝葉　　葉

葉の香りの特徴

葉部は木部に比べて、香りとしては軽い感じがする。アーユルベーダでは、木部の方が好きな人は落ち着きたい人、葉部が好きな人は飛躍したい人といわれている。葉部には酢酸テルピニルなどが含まれており、世界の他の樹木と比較してみると、その成分からも、群を抜いた香りのよさが予想される。

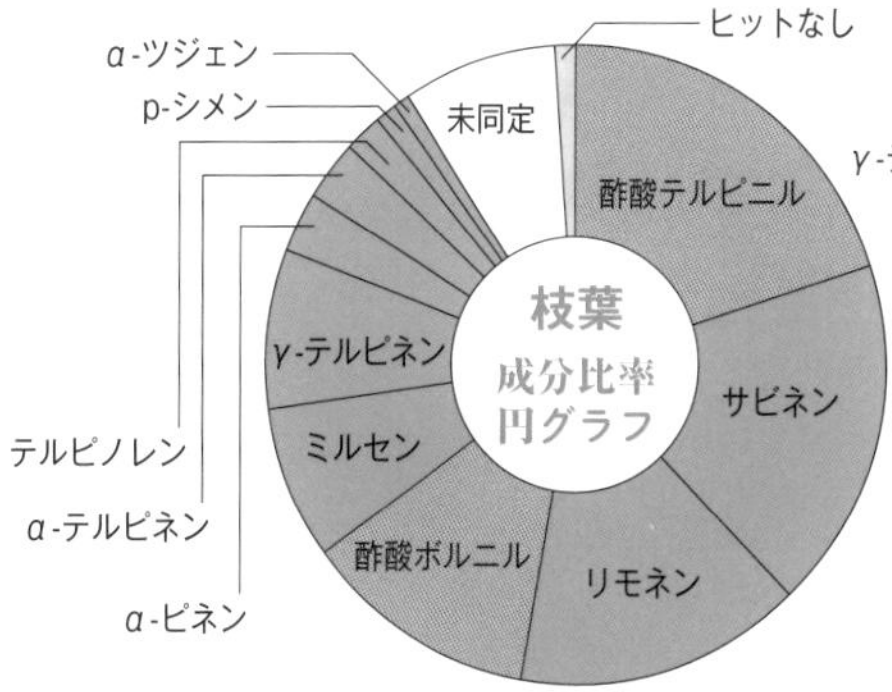

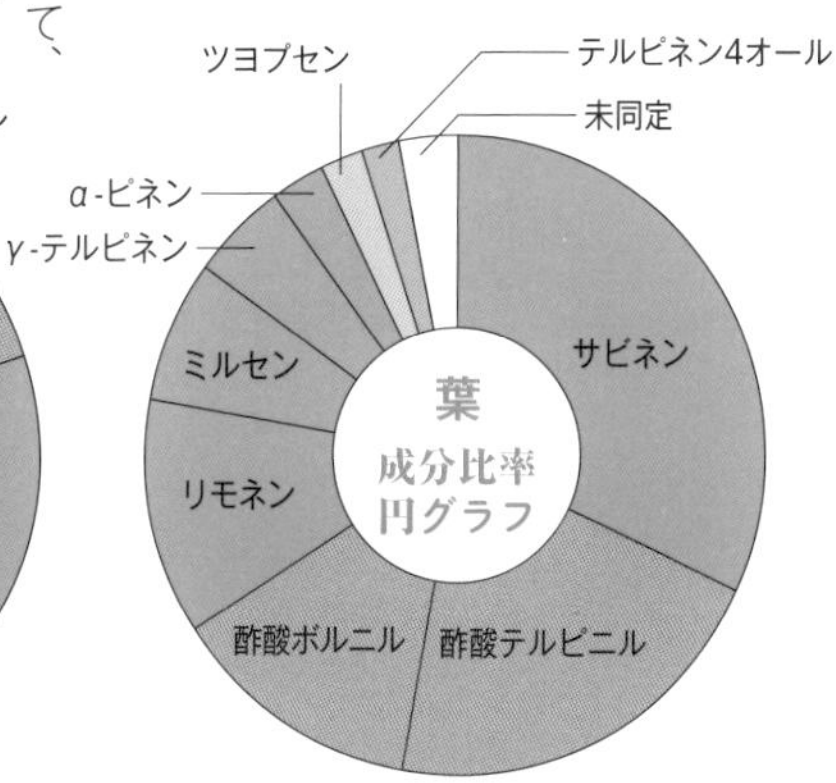

ヒノキ(葉)の成分と成分が持つ機能

	成分	比率(%)	成分分類	成分の特徴および機能
	サビネン	32	モノテルペン炭化水素	素早く反応、バランス機能、抗菌、抗ウイルス、緩和、免疫強化、沈静、強壮
	リモネン	12		
	ミルセン	7		
	γ-テルピネン	5		
	α-ピネン	3		
*	酢酸テルピニル	21	モノテルペンエステル	緊張緩和、鎮静、鎮痙、消炎、鎮痛
	酢酸ボルニル	13		
	ツヨプセン	2	セスキテルペン炭化水素	ゆっくり反応、消炎、鎮痛、うっ滞除去、(防虫・抗菌)
*	テルピネン4オール	2	モノテルペンアルコール	森林浴、体に活力、抗ストレス、うっ滞除去、抗菌、組織再生、消化促進、コーチゾン様作用、細胞収縮、緩和、収れん、鎮痛、強壮
	未同定	3		

＊名古屋大学の分析で判明した成分。yuicaのロット毎の成分表示とは異なることがあります。

日本の香りの代表ヒノキ

――神社・仏閣から学ぶ――

日本の木の香りといえば、誰もが真っ先に思い浮かべるのはヒノキだろう。昔の神社仏閣は檜造りが多く、新殿には独特の香りが漂っていた。伊勢神宮は二十年に一度建て替える「式年遷宮《しきねんせんぐう》」を行っており、「立柱祭」に参列したことがあるが、むせかえるようなヒノキの香りにさすがに圧倒された。

抗菌効果のある成分が含まれたヒノキは香りが良く水に強く腐りにくい木として有名だ。この特長は古代人もよく知っており、『日本書紀』にも「ひのきで宮殿を作り……」とある。

以前、京都大学の木質科学研究所（現在は生存圏研究所）を訪ね、シロアリの研究を見学したことがある。シロアリはマツ科の木をどんどん食べ、ヒノキは食べない。また、ヒノキのある箱とマツの箱を橋でつなげてやると、シロアリは一斉にマツの箱に移動する。この時、私たち人間にとっては「とてもいい香り」と思える香りも、シロアリにとっては大嫌いな香りなのだ、ということが納得できた。

また、オークヴィレッジの初期の頃から建築を手伝ってくれた飛騨の棟梁《とうりょう》（大工の親方）は、仕事に来るとヒノキの鉋屑《かんなくず》を口に入れ、こう言っていた。

「これを口に入れると体の調子がいいんだ。特に、二日酔いの時は、いっぱいかむと治る」

棟梁は、ヒノキの精油成分を嗅《か》いで元気をつけていたのだろう。私はさまざまなヒノキの木工品も開発してきた。抗菌効果があることからまな板にも向き、食器や文具から家具、建材まで、ヒノキは今でも日本人にとって身近な存在だ。

私たちはヒノキのエッセンシャルオイル（精油）を「木部」「枝葉」「葉」の三つの部位から抽出して

いる。同じ木でも、それぞれの部位によって香りが異なり、成分も異なっているからだ。

ヒノキの原生林は今ではほとんどなくなってしまった。わずかに木曽の奥の赤沢美林（赤沢自然休養林）ぐらいしか残っていないが、それも江戸時代に相当伐採が進み、今あるのは、三百数十年ぐらい前に植林されたものがほとんどだという。それでもその森は、まさに森の精霊が住んでいそうな気持ちのよい空気が流れている。日本のほとんどのヒノキの林は人工林で、岐阜県の東濃や三重の尾鷲が有名だ。

私たちは人工林のヒノキの間伐材を主に使っている。一般に人工林は一ヘクタールに三〇〇〇～六〇〇〇本ほど植え、五〇年～六〇年で成長する過程で五〇〇～八〇〇本ぐらいに間引かなくてはいけない。その過程で大量に出るのが間伐材で、その使い道に困っているのだが、その有効な対策の一つとして間伐材からの日本産アロマの抽出が期待されている。

スギ林：よく手入れされた美林。間伐により陽が林床に差すため雑木等もよく育ち、豊かな生態系が保たれている。間伐作業によって発生する材や枝葉は、アロマの材料としても活用できる。

ヒノキ林：植栽後およそ30年、間伐を待っている林。陽が差さないため下層植生が育っていない。降雨により、表土が流出するおそれがあり、そうなると、ますます植生の回復が困難になる。

アスナロ

［翌檜］

木

ヒノキ科アスナロ属
学　　名：*Thujopsis dolabrata*
抽出部位：木
抽出方法：水蒸気蒸留法
原 産 国：日本
採 集 地：野生、時に育成林（主に飛騨高山）

香りの特徴

日本の森のアロマの中で、アスナロ（ヒバ）は、かなり特別な香りがする。爽やかさやフローラルさではなく、森の樹々の根源からわき上がるような香りで、とりわけ防虫効果も強いツヨプセンが60％以上もあり、その影響か、好き嫌いが分かれる香りである。しかし、女性の中にはとても好きだという人が一定数いる。

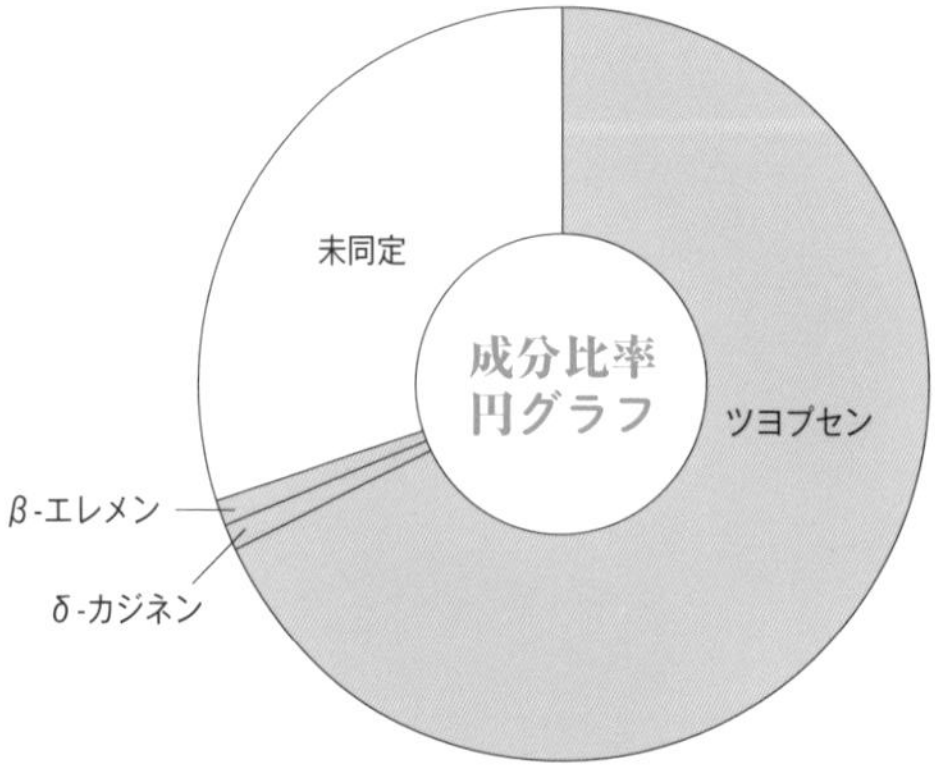

アスナロの成分と成分が持つ機能

	成分	比率(%)	成分分類	成分の特徴および機能
	ツヨプセン	68	セスキテルペン炭化水素	ゆっくり反応、消炎、鎮痛、うっ滞除去、（防虫・抗菌）
＊	δ - カジネン	1		
＊	β - エレメン	1		
	未同定	30		

※アスナロ（木）の成分は圧倒的に炭化水素が多い。しかし、ツヨプセン以外のものは安定せず、一般的に1％ぐらいは含まれるはずのヒノキチオールも分析に出てこないこともある。

＊名古屋大学の分析で判明した成分。yuica のロット毎の成分表示とは異なることがあります。

スギ

[杉]

枝葉　葉

スギ科スギ属
学　　名：*Cryptomeria japonica*
抽出部位：枝葉／葉
抽出方法：水蒸気蒸留法
原 産 国：日本
採 集 地：育成林（主に飛騨高山）

香りの特徴

スギは、おとなしい爽やかさとでもいえばよいのか、ヒノキなどに比べて自己主張はむしろ控えめだが、いかにも森林浴をしていると感じる、懐かしさのある香りだ。成分を見てもいろいろな要素が混ざり合い、バランスが取れている。スギの木部からは、精油はほとんど抽出できず、葉からの成分が主力だ。

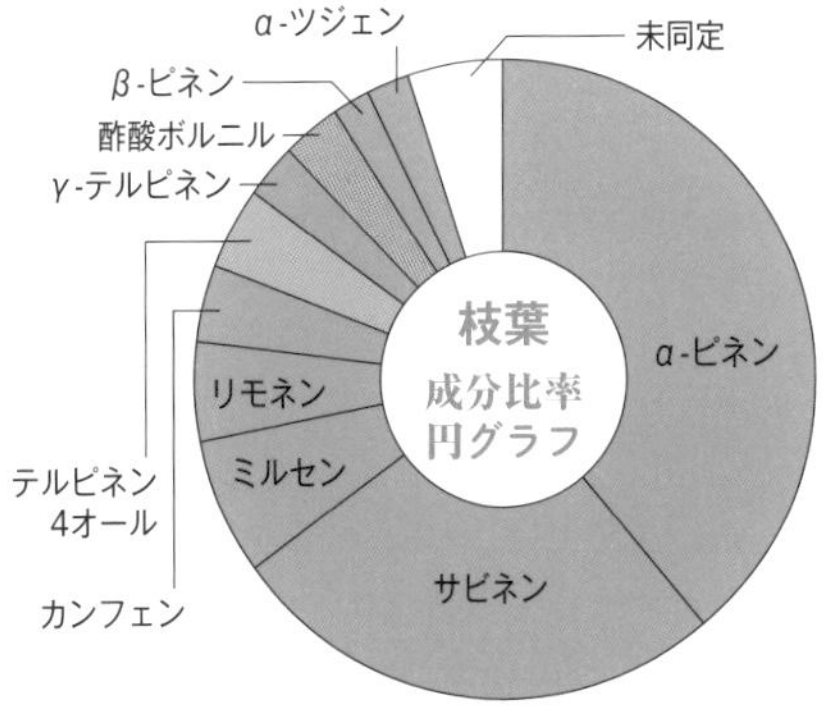

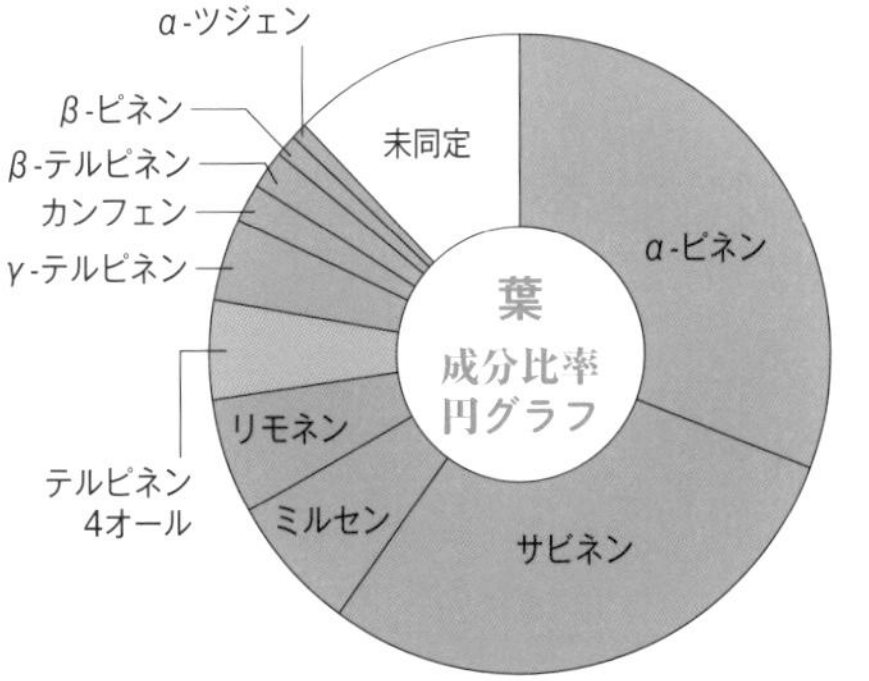

スギ（枝葉）の成分と成分が持つ機能

	成分	比率(%)	成分分類	成分の特徴および機能
	α-ピネン	39	モノテルペン炭化水素	素早く反応、バランス機能、抗菌、抗ウイルス、緩和、免疫強化、沈静、強壮
	サビネン	26		
	ミルセン	7		
	リモネン	5		
	カンフェン	4		
	γ-テルピネン	3		
	β-ピネン	2		
*	α-ツジェン	2		
*	テルピネン4オール	4	モノテルペンアルコール	森林浴、体に活力、抗ストレス、うっ滞除去、抗菌、組織再生、消化促進、コーチゾン様作用、細胞収縮、緩和、収れん、鎮痛、強壮
	酢酸ボルニル	3	モノテルペンエステル	緊張緩和、鎮静、鎮痙、消炎、鎮痛
	未同定	5		

＊名古屋大学の分析で判明した成分。yuicaのロット毎の成分表示とは異なることがあります。

アスナロの抗菌力は群を抜く！

――ヒバは東北地方の異名――

「明日ヒノキになろう」という希望を持った木として「アスナロ」と命名したのは牧野富太郎博士だといわれている。しかし、アスナロとヒノキとは、かなり違った香りをしている。何回かの嗜好調査で、アスナロは一般的には男性には人気がないが、女性には比較的好まれる、ということがわかってきた。

アスナロはヒノキチオールが少し含まれており、ヒノキにはほとんど含まれていない。ヒノキチオールはもともとはタイワンヒノキに含まれている成分で、一般には抗菌・防虫や美肌機能があることで有名だ。

アスナロの木。特徴的な葉を持ち30メールの高さになることも。

ただ、市販されている美容品に「ヒノキチオール配合」と書かれているが、そのほとんどは化学的合成成分だと思ってもらった方が良い。

また、アスナロは東北地方では「ヒバ」と呼ばれ木工品や建築材として使われているし、能登地方では「アテ」と呼ばれ、漆器の輪島塗りの木々に使われている。極めて腐りにくい木であり、特にこの木の学名の「ツヨプシス」にも関係があるが、「ツヨプセン」という成分が大量に含まれており、抗菌効果や防虫効果が高い成分として評価されている。近年、抗がん効果の研究も進んでおり、医療分野での活用の可能性が高い。したがって、自然由来の抗菌防虫アロマとして空中散布にしても、肌に塗布するにしても応用範囲は広いといえる。

スギの香りは日本独自

――身近な木と「食」とのつながり――

スギと聞くと、スギ花粉症の人はスギの精油をかぐと花粉症がより悪化するのではないか？　と心配するむきもあるかもしれないが、花粉による刺激と精油は別のものなので、花粉症が悪化することはない。逆に、ひょっとしたら免疫強化作用があり、クロモジなどと併用して花粉症の治癒に役立ったのではないかという報告さえある。その医学的な検証はまだなされてないので安易な結論は出すべきではなく、今後の研究が待たれるところである。

スギは古来から最も日本人が深く親しんできた木で、学名にもジャポニカとある。なにより、酒だる、味噌だる、醤油《しょうゆ》だるなどに使われてきた。それは、ほのかに爽やかな香りがあり、軽い殺菌効果もあることを古代の人は見抜いていたからだろう。

日本酒は最近、ほとんどが金属製のたるで造られ、昔のように杉の香りや味を加えた深みのある酒が少なくなった。本来のことでいえば、杉のたるに入らない日本酒は日本酒といえない。ウィスキーでオーク（ナラ）のたるに入らないものはウィスキーといえないのと同じだ。

青山に店を構える成澤由浩《なりさわよしひろ》さん（サンペレグリノ世界のベストレストラン五〇で常に上位（日本人では一番））は、スギとナラの「カンナの削り花」を「出汁」に使ったりと、森をテーマに創作の料理を次々と発表している。一見きわめて奇抜で斬新なアイデアだが、実のところ、自然と人間の関係を考えぬいたまさに哲学的料理であり、しかも、スギやナラを使ったのは東西の酒だるに両方の木が使い続けられていたという伝統を、しっかり踏まえての創作なのだ。

モミ

［樅］

枝葉

マツ科モミ属
学　　名：*Abies firma*
抽出部位：枝葉
抽出方法：水蒸気蒸留法
採 集 地：野生（主に飛騨高山）

雌花

雄花

実

樹皮

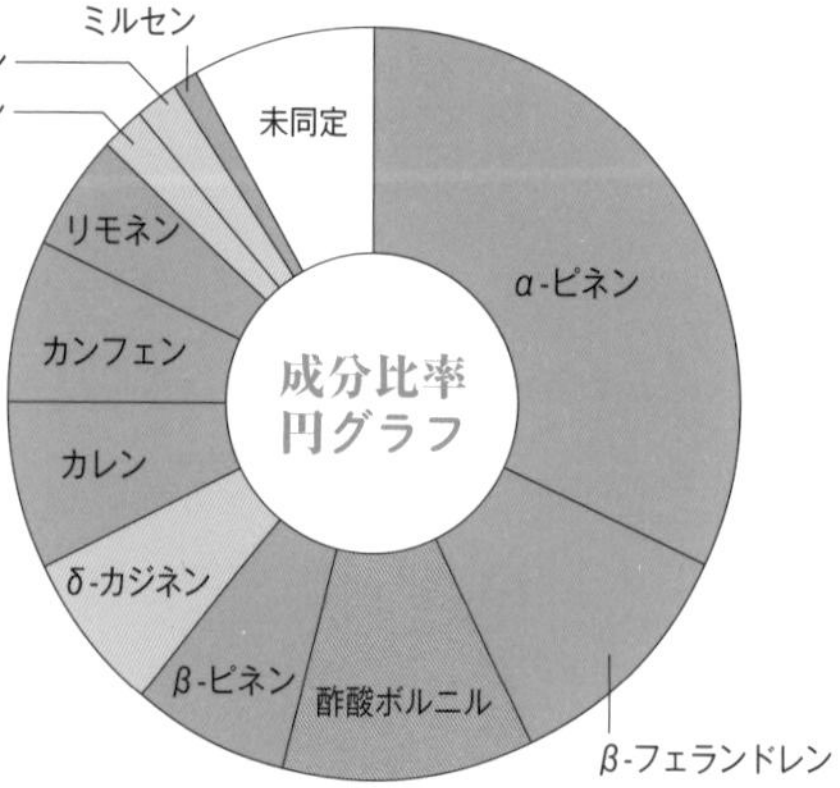

香りの特徴

樹木系の精油の中でもっともスキッとした香りで、人によってはジントニックのにおいだという人もいる。α-ピネン、β-ピネン、リモネンというモノテルペン炭化水素が中心なので、最も「森林浴」を強力に表現した香りといえる。しかも酢酸ボルニルというエステル類も10％ぐらいあるので、香りにある種のパンチ力もある。

モミの成分と成分が持つ機能

	成分	比率(%)	成分分類	成分の特徴および機能
	α-ピネン	32	モノテルペン炭化水素	素早く反応、バランス機能、抗菌、抗ウイルス、緩和、免疫強化、沈静、強壮
	β-フェランドレン	11		
	β-ピネン	7		
*	カレン	7		
	カンフェン	7		
	リモネン	5		
	ミルセン	1		
	酢酸ボルニル	11	モノテルペンエステル	緊張緩和、鎮静、鎮痙、消炎、鎮痛
*	δ-カジネン	7	セスキテルペン炭化水素	ゆっくり反応、消炎、鎮痛、うっ滞除去、(防虫・抗菌)
*	β-セリネン	2		
	α-セリネン	2		
	未同定	8		

＊名古屋大学の分析で判明した成分。yuica のロット毎の成分表示とは異なることがあります。

ヒメコマツ

［姫小松］　　木　　枝葉

マツ科マツ属
学　　名：*Pinus parviflora*
抽出部位：木／枝葉
抽出方法：水蒸気蒸留法
原 産 国：日本
採 集 地：野生（主に飛騨高山）

香りの特徴

マツの木の新芽などを指でつぶすとツーンとしたヤニのにおいがする。しかし、同じマツ科なのにヒメコマツはそのツーンとした感じがない。やわらかに包み込むような香りの奥に、モノテルペン炭化水素の森林浴の香りが隠されていて奥深い感じがする。ネロリドールなどが、香りを独特のものにしている。

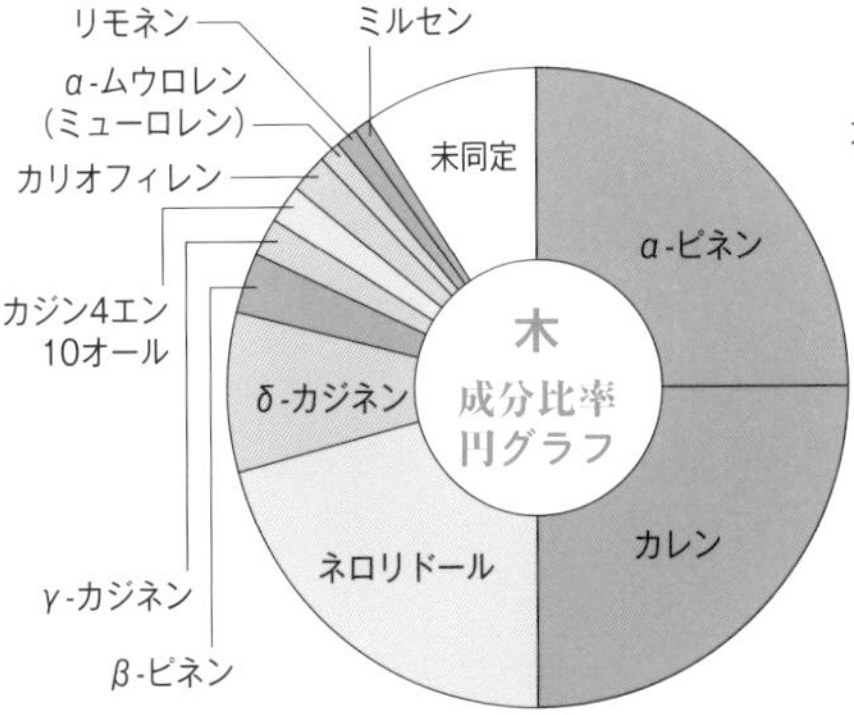

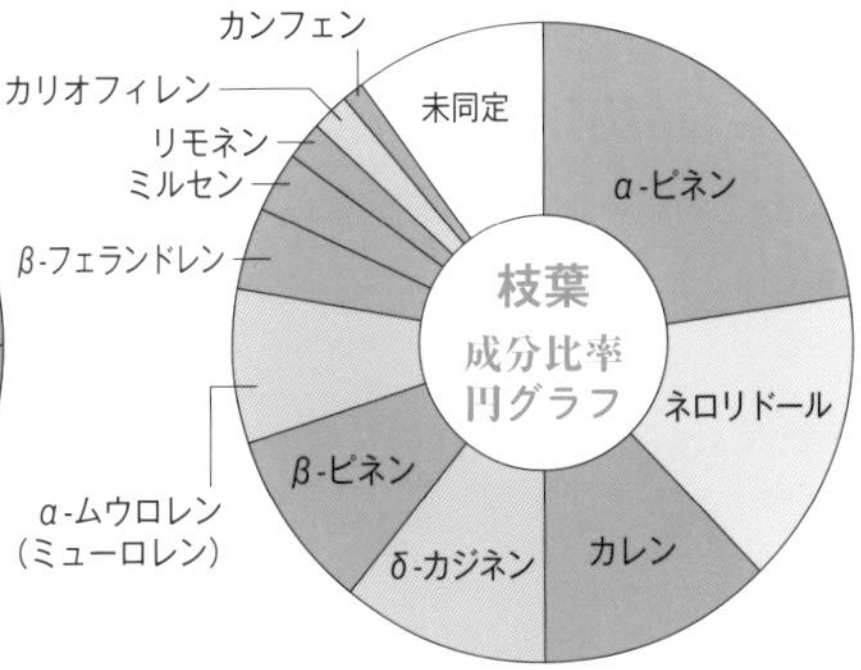

ヒメコマツ（枝葉）の成分と成分が持つ機能

	成分	比率(%)	成分分類	成分の特徴および機能
	α-ピネン	23	モノテルペン炭化水素	素早く反応、バランス機能、抗菌、抗ウイルス、緩和、免疫強化、沈静、強壮
＊	カレン	12		
	β-ピネン	9		
	β-フェランドレン	4		
	ミルセン	3		
	リモネン	2		
	カンフェン	1		
	ネロリドール	15	セスキテルペンアルコール	ゆっくり反応、持続的に抵抗力を高める、抗菌、免疫調整、細胞修復、緩和、自律神経の調整、抗ストレス
＊	δ-カジネン	11	セスキテルペン炭化水素	ゆっくり反応、消炎、鎮痛、うっ滞除去、（防虫・抗菌）
＊	α-ムウロレン(ミューロレン)	8		
＊	カリオフィレン	2		
	未同定	10		

＊名古屋大学の分析で判明した成分。yuica のロット毎の成分表示とは異なることがあります。

モミは爽やかに消臭

――体臭を気にしている人には必須かも――

モミの香りを嗅いだ時、「まるで、ジュニパーベリーと同様にジントニックの香りだ」と、思わず口にした。モミはマツ科の木で、スキッとして男性的な香りといえるかもしれない。また、全国の嗜好調査（六〇ページ参照）では、モミの香りを嗅いだ人の七〇％ほどの圧倒的多数の人から「爽やかである」との回答を得た。

ちなみに、私が最初に精油の抽出に成功したのは、モミの木だった。それは私の息子が幼稚園の頃、高山市の縁日で買ってきたクリスマスツリーで、そのモミが室内で大きくなり過ぎて、息子が庭先に鉢ごと捨てた。それが、鉢を壊して根付いて、二五年くらいたったその木からの抽出だった。モミは幹からの抽出もできるが、枝葉からの方が香りがよく、植林されていない木なので生態系の保護も考え、ｙｕｉｃａでは、現在枝葉からだけの抽出にしている。

ご存じかもしれないが、モミは腐らない木としても名高い。また、消臭作用も強い。それで、古来、棺としてもっとも適した木とされてきた。従って、モミから抽出される精油も、当然にも、抗菌作用と消臭作用が期待され、加齢臭が気になる男性向けのアロマとしてもっとも適しているといえる。

学問的には、モミは学名が*Abies firma*であり、北海道のトドマツ（精油としてはモミ）は*Abies sachalinensis*である。また、モミより高地に育つモミ属の木にウラジロモミ*Abies homolepis*があり、モミとウラジロモミの混血であるミツミネモミ*Abies homolepis var. umbellata*もある。それぞれはきわめて似ており、ｙｕｉｃａでは「モミ」の表記で、モミ、ウラジロモミ、ミツミネモミからの精油を販売している。

ヒメコマツは通が好む香り

——名前の通りお姫様のための香りかも——

クロマツは比較的標高の低い砂地などに育ち、アカマツは比較的乾いた丘のうえなどに育つ。そして、クロマツもアカマツも二葉松で針のような葉が二本しかない。ところが世界には、三葉松、四葉松、五葉松がある。

ヒメコマツは山岳地に近い里山に自生する野生のマツで、日本では珍しい五葉松だ。ヒメコマツは飛騨の山々に点在し、樹型もすらっと真っすぐに立っているものが多く、五本の葉もアカマツやクロマツに比べると柔らかく、なよっとしている。

また、ヒメコマツは別名ゴヨウマツと呼ばれ、特に盆栽の世界ではもっとも適した木として重要な位置を占め、庭園木としてもよく用いられている。

ヒメコマツを使いたいという大工も多い。英語ではJapanese white pineと呼ばれ、木の肌が白っぽく、時にほのかなピンク色がかった淡黄色だ。

何しろ、ヒメコマツはマツなのに、精油は芳香で名高いネロリドールが含まれていて、柔らかな香りをしており、その名前の通り女性らしさが漂っている。その女性らしさの中に、野生の樹木にしかない力強さも秘めており、実際、何人かの経験豊かなアロマテラピストにヒメコマツの精油は非常に高い評価を得ている。

アカマツの葉。クロマツと並び、針のような二葉の葉は夫婦和合の象徴として、古来より愛されてきた。適材適木、尾根にマツ、中ほどヒノキ、沢にスギと、と言い慣わされている。

日本の森のアロマ・プロフィール

ニオイコブシ

［匂辛夷］

枝葉

モクレン科モクレン属
学　　名：*Magnolia salicifolia*
抽出部位：枝葉
抽出方法：水蒸気蒸留法
採 集 地：野生（主に飛騨高山）

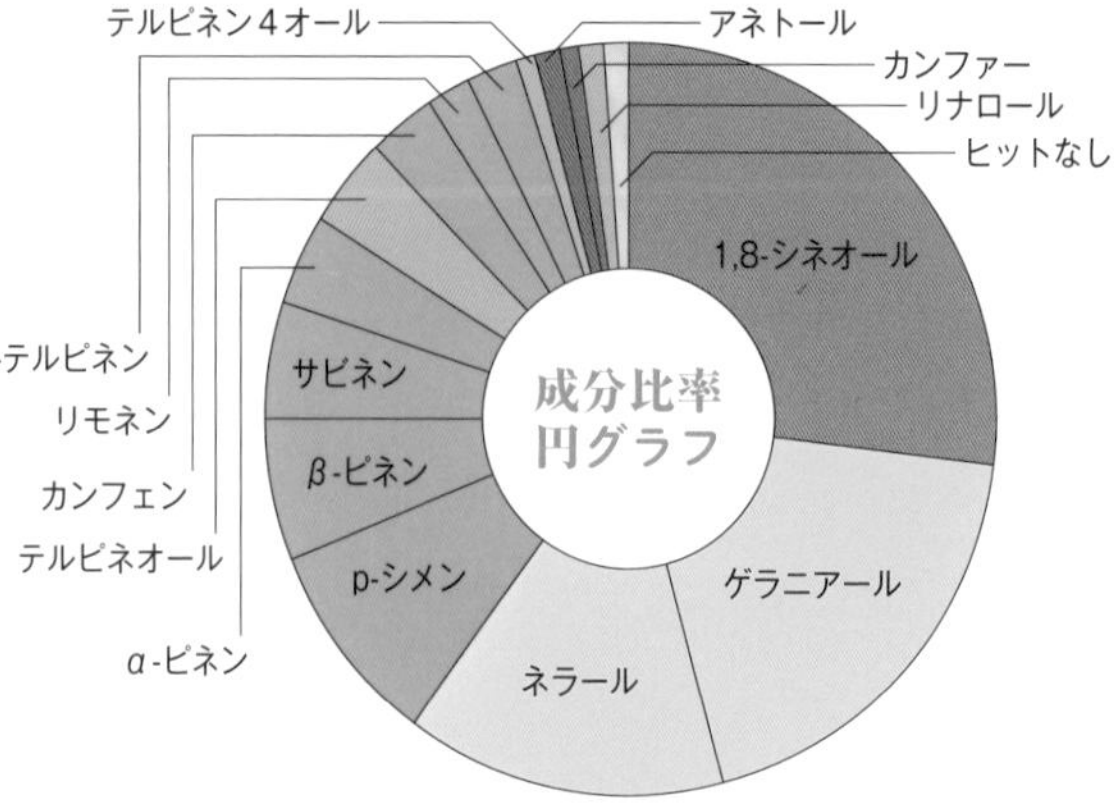

香りの特徴

モクレン科のニオイコブシは、枝葉からの精油なのに花のような香りがする。モクレンのように強い香りではなく、むしろ、爽やかな甘さを持ち、華やかな香りである。なお、ニオイコブシの成分はゲラニオールがアルデヒド化して、ゲラニアールやネラールになっていて、世界でもトップクラスの香りといえる。

ニオイコブシの成分と成分の持つ機能（現在、調査続行中）

	成分	比率(%)	成分分類	成分の特徴および機能
	1,8- シネオール	27	オキサイド類	抗カタル、去痰、抗ウイルス、集中力、判断力の向上
＊	ゲラニアール	19	モノテルペン アルデヒド	
＊	ネラール	14		
＊	p- シメン	9	芳香族化合物	素早く反応、バランス機能、抗菌、抗ウイルス、緩和、免疫強化、沈静、強壮
	β - ピネン	6	モノテルペン 炭化水素	
	サビネン	5		
	α - ピネン	4		
	カンフェン	3		
	リモネン	2		
	γ - テルピネン	2		
	テルピネオール	4	モノテルペン アルコール	森林浴、体に活力、抗ストレス、うっ滞除去、抗菌、組織再生、消化促進、コーチゾン様作用、細胞収縮、緩和、収れん、鎮痛、強壮
＊	テルピネン4オール	1		
	リナロール	1		
＊	アネトール	1	芳香族化合物	
＊	カンファー	1	ケトン類	
	ヒットなし	1		

＊名古屋大学の分析で判明した成分。yuica のロット毎の成分表示とは異なることがあります。

日本の森のアロマ・プロフィール

サンショウ

［山椒］

果皮

ミカン科サンショウ属
学　　名：*Zanthoxylum piperitum*
抽出部位：果皮
抽出方法：水蒸気蒸留法
採 集 地：育成林（主に飛騨高山）

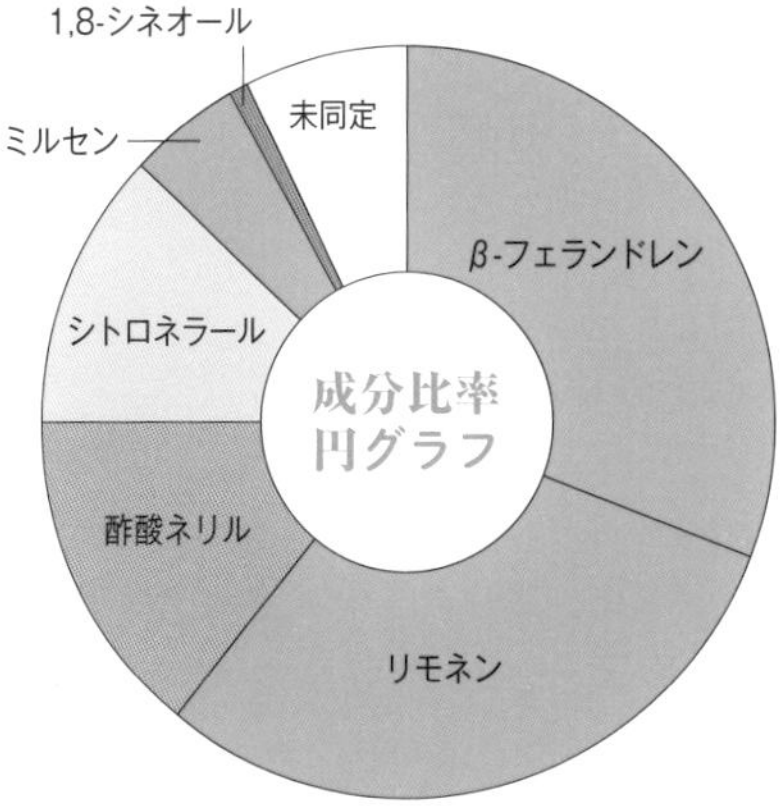

香りの特徴

サンショウの香りは、調味料として出回っているので誰でもご存じだろう。香りがすぐに思い出せない人も、この精油の香りを嗅ぐと、ああなるほどと思うに違いない。しかし粉サンショウの香りに比べて、精油になるとスパイシーでレモンのような香りに変わる。ミカン科のほかの精油に比べると、ぴりりとした切れ味も加わっている。

サンショウの成分と成分が持つ機能

	成分	比率(%)	成分分類	成分の特徴および機能
	β - フェランドレン	31	モノテルペン炭化水素	素早く反応、バランス機能、抗菌、抗ウイルス、緩和、免疫強化、沈静、強壮
	リモネン	30		
	ミルセン	5		
*	酢酸ネリル	14	モノテルペンエステル	緊張緩和、鎮静、鎮痙、消炎、鎮痛
*	シトロネラール	12	セスキテルペンアルデヒド	
	1, 8 - シネオール	1	オキサイド類	抗カタル、去痰、抗ウイルス、集中力、判断力の向上
	未同定	7		

＊名古屋大学の分析で判明した成分。yuica のロット毎の成分表示とは異なることがあります。

ニオイコブシはワクワクする香り

―モクレン科の最高峰―

コブシは北国の春を象徴するモクレン科の木で、サクラより早く、春先に、里山のあちこちに、まるで白いぼんぼりがともったように咲く。

モクレン科（学名マグノリア*Magunolia*）の植物は世界的には熱帯から温帯に幅広く分布している。一般的にはどの木も肉厚の花弁がある大きな花を咲かせて、その花は香り高いものが多い。実際、日本のモクレンもその花に鼻を近づけると、それこそむせぶような強い香りで、いささか圧倒される。

ヒノキの解説（二二一ページ参照）で「香りは、樹木を攻撃にくる腐敗細菌などを撃退する」という意味のことを書き、また、昆虫からの攻撃も樹木は香りの成分で身を守っているとも書いた。

ニオイコブシの枝の断面。採取した枝の皮を手ではぐとまさに花のような、甘みを感じさせる香気が立ちのぼる。

ところが花の香りは、逆の場合が多く、花の香りでむしろ昆虫などを引きつけているケースが多い。ウメ、モモ、サクラ、バラ、どれも昆虫を引き寄せるために、独特の魅惑的な香りを放っている。しかしその花の香りを抽出するのは非常に難しい。

コブシも花の香りがよいが枝葉では精油はほとんど抽出できず、シデコブシは絶滅危惧種で問題外だ。そんな中で、なんとニオイコブシだけは枝葉もとてもいい香りで、抽出に成功した。「ニオイコブシ」とはよくいったものだ。ニオイコブシは、新芽・花・葉・枝・幹により香りも成分も違うが、枝葉からの精油にはゲラニアールが含まれ、その香りのよさは、調香師などからも驚きをもって迎えられている。

ニオイコブシとよく似ている、コブシの花。

サンショウはミカン科

――柑橘系で一番尖っている香り――

日本産のアロマ（精油）を抽出し始め、いくつもの樹木について実験を繰り返したが、常に日本の古くからの伝統の中で使われてきたものに力を入れた。特に食料に関係したり、肌によく触れてきたものなど、例えばスギやヒノキやクロモジなどは、香りもよく、伝統的にも実績が十分過ぎるくらいにあって、安全性に信頼が置ける。

そこで、サンショウも候補に上がった。サンショウの粉はよく、ウナギに掛けられる。ウナギの脂っこさとサンショウの香りとちょっとした辛さがマッチしている。昔からサンショウの木はすりこぎに、実と葉は食用にと役立ってきた。

サンショウのいろいろな部位を水蒸気蒸留で試してみてわかったのだが、葉や枝より実の方が香りが濃い。しかも果実の中でも、「黒い種を省いて果皮だけ」を抽出したものが一番すきっとして、切れ味のよい爽やかさがある。

抽出に適した材料を選別するのもひと仕事だ。熟して赤くなった実が程よい水分を保っており適材なのだが、三～五㎜程度の果実の果皮だけをハンドピック（手作業で取り除くこと）で採取選別するのだ。これは、大変な作業だ。

私の家の庭にもサンショウの木があり、よくアゲハチョウが飛来する。アゲハチョウはミカン科の植物に卵を産む。そうなのだ。サンショウはミカン科なのだ。よく見れば、サンショウの小さな実の赤い果皮にはブツブツがあり、その肌はミカンやレモンの肌とそっくりだ。それにしても、「アゲハチョウは形のまったく違うサンショウの葉をミカン科だとよく見分けるものだなぁ」と感心することしきりである。

日本の森のアロマ・プロフィール

ミズメザクラ

［水目桜］

枝葉

カバノキ科カバノキ属
学　　名：*Betula grossa*
抽出部位：枝葉
抽出方法：水蒸気蒸留法
採 集 地：野生（主に飛騨高山）

香りの特徴

誰でもほぼ間違いなく「湿布のにおいだ」と言って、ニヤッとしてしまう香りだ。サリチル酸メチルが99%ぐらいある、これまたまれな精油だ。市販の湿布薬よりかなり強烈で、人によっては長くかぐと気分が悪くなるくらいで、どちらかといえば芳香よりマッサージ向けである。別名「梓《あずさ》」と呼ばれ、「梓川」上流の奥山には大木もある。

ミズメザクラの成分と成分が持つ機能

成分	比率(%)	成分分類	成分の特徴および機能
サリチル酸メチル	100	エステル類	緊張緩和、鎮静、鎮痙、消炎、鎮痛

※一つの成分がほとんどを占める樹種も珍しい。また、ミズメザクラの本格的な抽出も私たちが世界で初めて行なった。加齢による足や腰の痛み、スポーツ選手の筋肉疲労用のマッサージオイル・マッサージクリームにして使えば効果覿面《てきめん》！ なお、アスピリン過敏症の人にはサリチル酸メチルは禁忌化合物なので絶対に避けてほしい。
※サリチル酸メチルは水より比重が大きいので、抽出方法が水の上に浮く通常の精油と異なり、結果的にサリチル酸メチルが 100%になっている。

＊名古屋大学の分析で判明した成分。yuica のロット毎の成分表示とは異なることがあります。

ライスキャリアオイル

［米ぬか］

原 材 料：コメヌカ
抽出方法：圧搾抽出法
原 産 国：日本

◎キャリアオイルとは

精油を体内に浸透させるには、希釈するためのキャリアオイルが必要になる。

キャリアオイルも、精油同様、原材料の吟味と抽出法の工夫が非常に大変だ。

yuicaでは、米ぬかから圧搾法で抽出したライスキャリアオイルを推奨している。

ライスキャリアオイルを製造するには、米ぬかを大量に集めなければいけない。しかも、よいオイルを抽出しようとすると、米ぬか原料は酸価20以下・油分20％以上・水分10％以下のものでなくてはいけない。この条件から外れると、精製工程で過熱時間が長くなってトランス脂肪酸が増えてビタミンが少なくなる。

30kgの精製したライスキャリアオイルを得るには、その200倍の6000kg（6トン）の新鮮な米ぬかが必要で、そのためにオーガニックなぬかを含んだ玄米をなんと60トンも集めなくてはいけない。

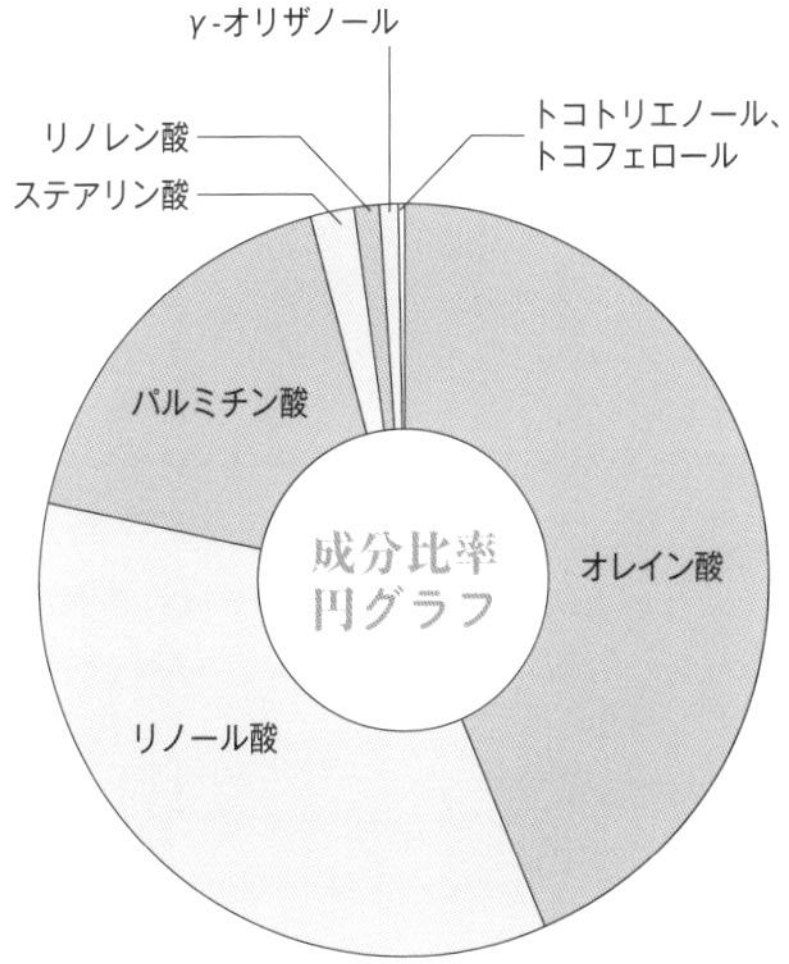

ライスキャリアオイルの成分と成分の持つ機能

成分	成分の機能
オレイン酸（約45％）	皮膚を柔らかくし、かつ浸透性をよくする
リノール酸（約36％）	保湿効果に優れ、しわを防ぎ老化防止
パルミチン酸（約18％）	水と油の融合に役立つ乳化作用に優れた働き
ステアリン酸（約2％）	抗ウイルス、抗菌、抗カタル、去痰
リノレン酸（約1％）	各種の皮膚の炎症（アトピーなど）を改善するともいわれている
γ - オリザノール（約1％）	最近、注目の成分で保湿しつつ肌の再生に役立ち、しみの原因であるメラニン色素の生成を防ぎ美白効果も期待されている
トコトリエノール（約 0.03％）	抗酸化性に優れ、肌荒れの予防（トコフェロールの異性体）
トコフェロール（約0.025％）	これも注目の成分で、皮膚の成長を適度に促し、時にむくみをなくして、有害な活性酸素までを除去するともいわれている

ミズメザクラを活用する伝統の知恵

——筋肉痛にこれを試さない理由があるだろうか——

私は飛騨に移住して間もなく前述のように、杣人《そまびと》（きこりのこと）たちとの交流をした。その時、昔彼らは、木の伐採に疲れると、「ミズメザクラの樹皮を肩に貼っておったもんじゃ」と話していた言葉を思い出した。肩に貼っていたということは、筋肉の疲れや痛みを癒やす何らかの機能があると言い伝えられてきたのだろう。

サクラにもやや似た樹皮のミズメザクラ。
大きいものは18メートルの高さにもなる。

早速ミズメザクラから精油を抽出してみると、その枝を傷つけた時と同じ香りがした。それを成分分析してみると、驚くべきことに九九％以上がサルチル酸メチルであることが判明した。サルチル酸メチルとは、外用薬の主成分として使われる非ステロイド性抗炎症剤であり、筋肉消炎剤でもある。

実際、ミズメザクラの精油やミズメザクラブレンドの精油を嗅いでもらうと、ほとんどの人が「湿布のにおいだ」という。

ミズメザクラは、サクラという名がついているが、カバ科の木だ。木材として堅くて重厚な木で、昔は臼やきねに使われ、家具の材料としてもオークヴィレッジも時々使っている。また、アメリカでは近縁種がニオイカンバと呼ばれており、ヘンリー・D・ソローも著書『森の生活』の中で紹介している木だ。

ライスキャリアオイルは優れもの

――浸透性に加え、水との親和性も――

アロママッサージなど、肌を通してアロマを体内に浸透させることにより健康を呼び戻すには、キャリアオイル（肌に浸透させるために使う、その名の通り、運び屋的な役目をする）が必要になる。今まで日本のアロマセラピー業界では、ホホバワックスやアーモンドオイルのように、精油同様、海外産のものが圧倒的に流通し、あたかも海外産のもの以外は使ってはいけないような風潮さえあった。

そんな中で私たちは、日本産の精油にぴったりのキャリアオイルを必死に探していた。そして、結論から言うと、日本人に一番ぴったりなオイルは米ぬかから圧搾法で抽出したオイルだということがわかった。しかし、キャリアオイルに使う米ぬかは、オーガニックであることはもちろん、きわめて新鮮なものでなくてはならない。

この条件を満たす米ぬかが大量に必要であるので、キャリアオイルの供給は、非常に困難を伴う。だが販売してみると予想以上に浸透性もよく効果的だと、ベテランのアロマセラピストを中心に多方面で認められ始めたので、より本格的に米ぬかを調達するシステムを確立することにした。

米は日本人が昔から育て、食してきたものだ。また米ぬかで肌を洗ったり保湿をしたりもしてきた。キャリアオイルにした場合、ほとんど無臭で精油の香りを損わない。成分表でもわかる通り、浸透力、水との親和力、抗ウイルスなどがあり、最高のキャリアオイルとさえ言われている。

さらに、米ぬかからのオイルが広がれば、人間の健康だけではなく、日本の本格的オーガニック農業を広げる決定打になるかもしれない。

日本の里山の香る枝葉とその精油。

傘のような小さい花を付け始めたクロモジ。

香る樹々がある典型的な里山。

ニオイコブシのオレンジ色が混ざった葉は柔らかくて美味しい。

「栽培」と「野生」との違い

「オーガニック」を超える「野生の力」

販売されているエッセンシャルオイル（精油）の説明表記に、「野生」と記されているものがある。また、「有機」とか、「オーガニック」と記載されているものもある。一体それは、どんな意味なのだろう?

精油を抽出している植物の多くは栽培されているものが多い。野菜でもそうだが栽培する場合、なるべく収穫量を多くしたくなる。それゆえに植物が虫などに攻撃されて花や葉にダメージを加えられないように農薬を散布することもある。精油を抽出する植物への農薬の散布は精油の中にも残留する可能性があり、当然よくないことだが、化学肥料を与えるのもあまりよくないことだといわれている。

なぜなら、精油というものは、そもそも植物の生命力を濃縮したもので、その生命力を人間が分けてもらおうとしているわけだ。化学肥料を与えられている植物は安易に栄養を摂取しているということで、人間でいえば過保護状態にある。過保護な状態の生物は一般には生命力が不足してしまう。最近、化学肥料漬けの野菜の栄養価が疑問視されているが、アロマの世界でも化学肥料を与えられているとなると、大いに問題だということで、化学肥料を使った植物からの抽出は敬遠されるようになった。

化学肥料を使わないで、有機肥料を使って栽培されたものは「有機」とか「オーガニック」と表記されている。もっとも、この表記は義務付けられていないので、表記されていないものと、されているものとがある。

ところが、日本で発売されている精油の場合、かなり多くのものがそのところが表記されていない。それは、明確に化学肥料を否定できないか、もしくは、後に述べるトレーサビリティ（第五章、第七章参照）がはっきりしていないからだろうといえる。日本の精油の使用量はもはや世界一で、日本で使われている海外産精油の多くの出どころがはっきりしないものがあるとなると、いささか問題だといわざるを得ない。

販売されている精油の中で「野生」と表記されているものがある。それは、栽培されたものではなく、化学肥料はもちろん有機肥料も与えず、「自然」に、すなわち「野生のまま育った」植物から精油が抽出されていることを表している。「野生」の中にも、正確にいえばランクがあり、全く人間が手を入れたことのない原生の自然に自生した植物が、一番「野生度」が高く生命力も強い。

例えば、日本の森林の場合、国土の三分の二は森林で世界的に見てもその比率はトップクラスである。しかし、原生林は森林全体の二〜三%ぐらいで微々たるものだ。五五%近くが、人間が何らかの形で手を入れた後、自然に放置された森林で、一般には、「二次林」とか「自然林」、「天然林」と呼ばれている。そして、四一%の森林は、人間が植林した森林で、「人工林」とか「育成林」と呼ばれており、圧倒的にスギやヒノキが多い。

しかし、森林の場合、農薬はもちろん、化学肥料など一切投与せず、二次林の場合などは、人間が伐採した跡地に、わずかに残っていた自生の幼木や種から育った各樹種の樹々が競い合い、助け合い苦労して再び森林として再生したものだ。したがって、二次林の森林から生まれた精油は、「野生」と表記してもよいといえる。今回紹介した精油の中でクロモジ、モミ、ヒメコマツ、ニオイコブシ、ミズメザクラは、二次林（天然林）の木から抽出した「野生」のものである。

人が植えた人工林の木も、植えた後、人間が肥料をやっていないので、「野生」と表記してもよいのだが、自生した（自然に生まれた）木とは異なるので、こちらの方は「育成林」という表記にした。

バラで一番香りが良いのは「ダマスクローズ」という「野生」に近いオールドローズである。樹木も「野生」のものが香りも良く力強い。ｙｕｉｃａは遺伝子的なバラツキや成分のバラツキがあっても「野生」が持つ香りの良さと力強さを重視している。

日本のアロマ生産事情

――売れて初めてエッセンシャルオイル生産が本格化――

日本では、まだまだエッセンシャルオイル（精油）の生産が本格化していない。

それは海外から精油そのものを直輸入し、ヨーロッパを中心としたアロマセラピーの使い方も直輸入し、効能なども、多くの場合ヨーロッパで実証されたことをそのまま追随し、それが一つのシステムとして日本に広がったからだ。世界一とさえいわれるほどに愛好家は増えたが、海外産精油の販売量に対し、日本産精油の販売量はやっと増え始めて間もないので、日本国内での精油の生産は今やっと草創期を越えつつあるところといえる。歴史でいえば、明治維新の後、やっと絹織物が本業として生産に入り始めたところ、とでもいえばよいのかもしれない。

北海道から沖縄まで、その土地で育つ特有の植物を、それぞれ一品か数品、生産している工場が多い。

残念ながら岐阜県の私たちのように多種多様なアロマの生産をしているところはない。しかし今後、日本産のアロマの需要が大幅に増える見込みがある。

ただし、「栽培」の場合は無農薬・無化学肥料が必須であるので、それを実現するには根本的な農業の立て直しが必要だ。

ラベンダー

カボス

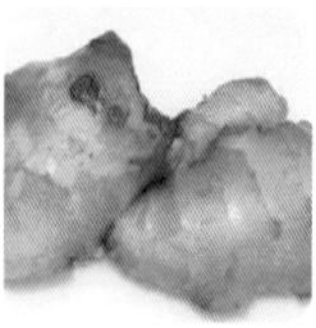
ショウガ

コナツ

ユズ

ポンカン

日本のアロマ産地分布図

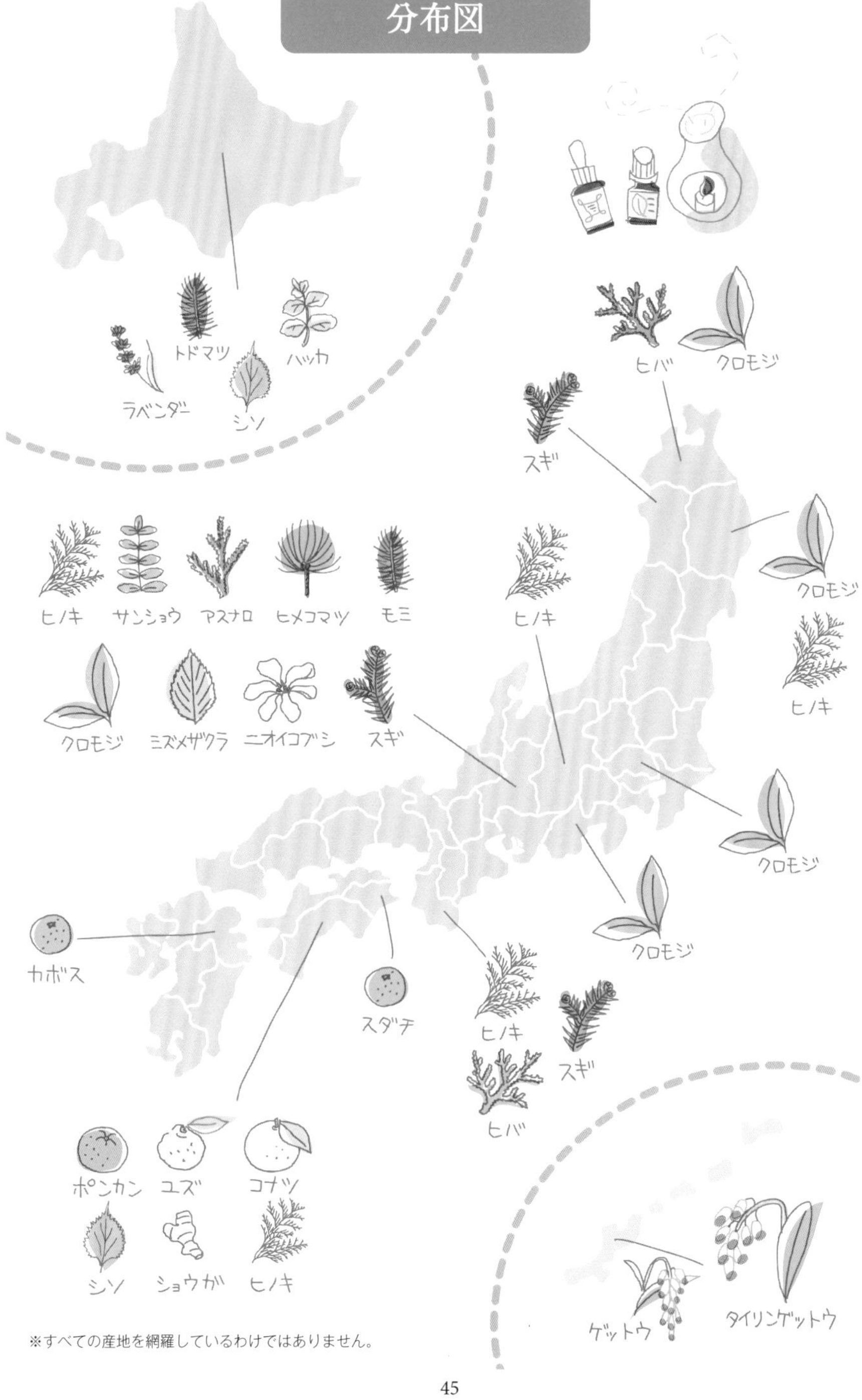

※すべての産地を網羅しているわけではありません。

第三章

日本産アロマに関するQ&A

Q 日本産アロマの材料収集は、どうやっているのか？

A 私たちは日本の森からエッセンシャルオイル（精油）の原材料を採集して、それを水蒸気蒸留法で抽出しているのだが、その実際の仕事ぶりをここで紹介しよう。

そもそも、植物から水蒸気蒸留法で精油を抽出しようとすると、ほんの数mℓの精油を抽出するために、おおよそ一〇〇〇倍の数kgの原材料が必要となる。もちろん、樹種や抽出法を工夫すると、ある程度抽出量を増やすことはできるが、一般的にきわめて非能率的であることには変わりはない。この事実だけでも、多くの諸先輩から「日本の森から、日本産の精油を抽出するなんて絶対に採算が合わないからやめなさい」と忠告を受けた。また、現在、世界で流通している精油のかなり多くが発展途上国で産出されているのも、先進国の自然条件や人件費等の問題で抽出するための材料の採集が難しいからだといわれている。

しかも、例えば日本でのクロモジの場合、クロモジの葉は何の変哲もない楕円形で、この森林に育つ背の低い灌木《かんぼく》を、他の灌木と見分けるのは素人では無理に近い。

クロモジは、葉をめくると緑色の枝に黒い斑点があり、それがまるで黒く文字を書いたように見えるので「黒文字」という名が付いている。その通りそれなりの特徴がある。そして、クロモジは日本の森のあちこちにある。それでもやはり、クロモジを見つけるには特殊な勘がいる。畏友の北川さんは、もと愛知県の森林・林業技術センターの所長をしていたこともあり、その上、山をくまなく歩き勘を養ったので、どこにクロモジがあるかを予想できる。それを私や弟子の村田君が受け継いだ。

ニオイコブシの枝葉の採集は、大いに困難が伴う。春先には白い花を咲かすのだが、いわゆる一般に知られているコブシと花の区別ができる人は、ほとんどいないといえる。その上、花のない初夏からは森は一面緑一色となり、判別はもっと難しい。読者の皆さんもぜひ試しに日本の里山の落葉広葉樹の森を散策して、ニオイコブシを探してみてほしい。その困難さを実感するだろう。ミズメザクラも同じことがいえる。

さらに、その上面倒なのは、ニオイコブシもミズメザクラも現代では山奥に押しやられ、なぜか断崖絶壁のような所にあり、そこにたどりつくのが大変だ。また、たどりついてからも、私たちは枝葉しか採らないので、時にははしごを掛けてのこぎりで切り落とさなければいけない。そして、落とした枝葉を急斜面をかついで降ろすのだが、これまた一苦労。

私たちは、精油として自然の力、野生の力を大切にしている。しかし、野生を傷つけずに都会へ運ぶためには、その第一歩がとても困難を伴っていることをぜひ理解してほしい。

このように、森に入り、森の樹々の力の源である枝葉を集めることは、都会の人々の心身の健康の源になっている。

山林内で原料を採取する北川さん。

アロマ抽出工房
―採取から抽出まで―

岐阜県飛騨高山の豊かな自然に囲まれた環境で地場の原料からエッセンシャルオイル（精油）の抽出が行われている。

飛騨高山、森の宝集め

前述のように精油を抽出するための枝葉を集めるのは容易ではない。だが、飛騨高山森林組合と何度も話し、環境に負荷をかけないよう気をつけながら、今では、山を知り尽くした元林業家の人々が、小型トラックに載せてドンドン運び込んでくれるようになった。

集まった枝葉を、研究によってわかった一番適度の粉砕粉にして抽出の準備をする。もちろん抽出前に、その重量を量っておく。最近では、とてもスムーズに抽出用の枝葉が適度に粉砕され抽出場に運び込まれるようになったが、当然にも樹種を間違えてはいけないし、ほかの材が混ざっていてもいけない。また、太過ぎる枝は粉砕機にかからない。何しろ、適度の大きさの新鮮な枝葉を定期的に運んで、抽出の準備をするのは意外と難しい。

抽出機、じっくり稼動中！

粉砕された枝葉の材の中に、下から水蒸気を入れ、その水蒸気が枝葉から精油成分を運び出し、それを集めるのが抽出という作業で、原理的には極めてシンプルである。

確かに原理はシンプルであるが、実際に作業してみると、シンプルがゆえに難しいことがたくさんある。水蒸気を発生させる水の問題は後に詳しく述べるが、まず、水蒸気の温度と圧力が問題だ。しかも、それは粉砕された枝葉の細かさとのバランスを考えなくてはいけない。

▼ミズメザクラの精油は、比重が水より重い珍しいタイプ。抽出場にも湿布薬のような香りが立ち込める。

そして、作動して早い時間に軽い分子の香り成分が一般には出てきて、徐々に重いものが追いかけて出てくる。ここで問題なのが抽出時間だ。あまりにも短い抽出時間では、素材の中の抽出成分が蒸気と共に外に出てこない。逆にあまりに長い時間水蒸気を送り込み過ぎると、重いタール分が出始める。

中には全く精油が出ない木があるくらいだから、精油の出方も樹種によって当然差がある。それぞれの季節でそれぞれの木が持つ香りの一番よいところを抽出してやることが、その木にとっても人間にとっても一番幸せなことなので、日々工夫している。

※52～53ページ、「エッセンシャルオイル誕生ー抽出から精製までー」に続く。

Q 森で材料を集めると、どうして環境保全につながるか？

A 日本産アロマを応援してくれているC・W・ニコルさん（故人）は「C・W・ニコル・アファンの森財団」を持ち、その本拠地は長野県の黒姫にある。二〇一〇年秋、そこに「環境教育センター」がオープンしたが、その本拠地の森を整備してきた松木さんという人がいる。この人は「落ちている枝を見ると、その枝の死亡推定年月を言い当て、それが、自然死か事故死かも言い当てることができる」という特技を持っている。私も実際に何度か会ったが、何しろ、森と正面から向き合い、ひたすら観測してきた人にしかできない特殊な「森の知恵」に満ちあふれている。

私は、『森の惑星』（世界文化社）の取材で世界の森を訪れ探索したが、世界のどの森にも、そういう「森の知恵袋」というべき人がいる。その人はもう「頭と体の中に森がしみ込んでいて森と一体化してる」としか言いようがない。日本にも、石油文明が浸透する以前にはそういう人がたくさんいて、「杣人《そまびと》」「木地師《きじし》」「またぎ」、そして「アイヌ」の人々などは、その代表格といってよいだろう。そのような人々にとっては、前節で述べた、森の中から持続可能にクロモジやニオイコブシやミズメザクラの枝葉を集めるなど、いともたやすいことだったろう。

私は、飛騨に移り住んで四五年以上になるが、杣人や木地師の最後の人たちから多くのことを学ぶことができた。そして、里山を含め、広葉樹林が崩壊しそうな現状を目の当たりにして、「ドングリの会」という森のボランティア団体をつくった。ドングリの会は三五年以上の歴史の中で、植林と育林を進めながら実践的な知恵を参加する多くの人々と共に学んだ。枝葉しか取らないので、街路樹と同じようにすぐまた枝葉は出てくる。また、針葉樹の幹は間伐材であり、おしなべて日本の森のアロマ（精油）は、林地残材から抽出されていて環境保全になっている。

　そこに前述の北川さんらが参加し、さらに二〇〇九年から「農商工等連携対策支援事業」に認定され、東京都と同じくらいの二五万三〇〇〇ヘクタールの面積を管轄する飛騨高山森林組合と連携し始めたので、日本産アロマの原材料の収集量は今や順調に増えている。中でも、地元森林組合ＯＢのおじいさんやおばあさんが山に入り、熱心に枝葉を集めてくれるようになった。それで地域としては雇用の促進になり、なおかつ枝葉しか集めない場合は山を手入れして環境保全になっているので、まさに一石二鳥と喜ばれるようになった。また、ヒノキやスギは森林組合が除間伐採をした後、そのままでは腐ってしまう林地残材を使えるので二酸化炭素（CO_2）の削減になる。さらに比較的安く大量に調達でき、その分精油も安くなり、多くの人に喜ばれている。

東京都と同じくらいの面積の高山市の南の方に分水嶺があり、地図の上方へ流れる川は日本海へ、下方は太平洋へと流れる。また森林面積率は約92%であり、私たちはその数%しか足を踏み入れられていない。

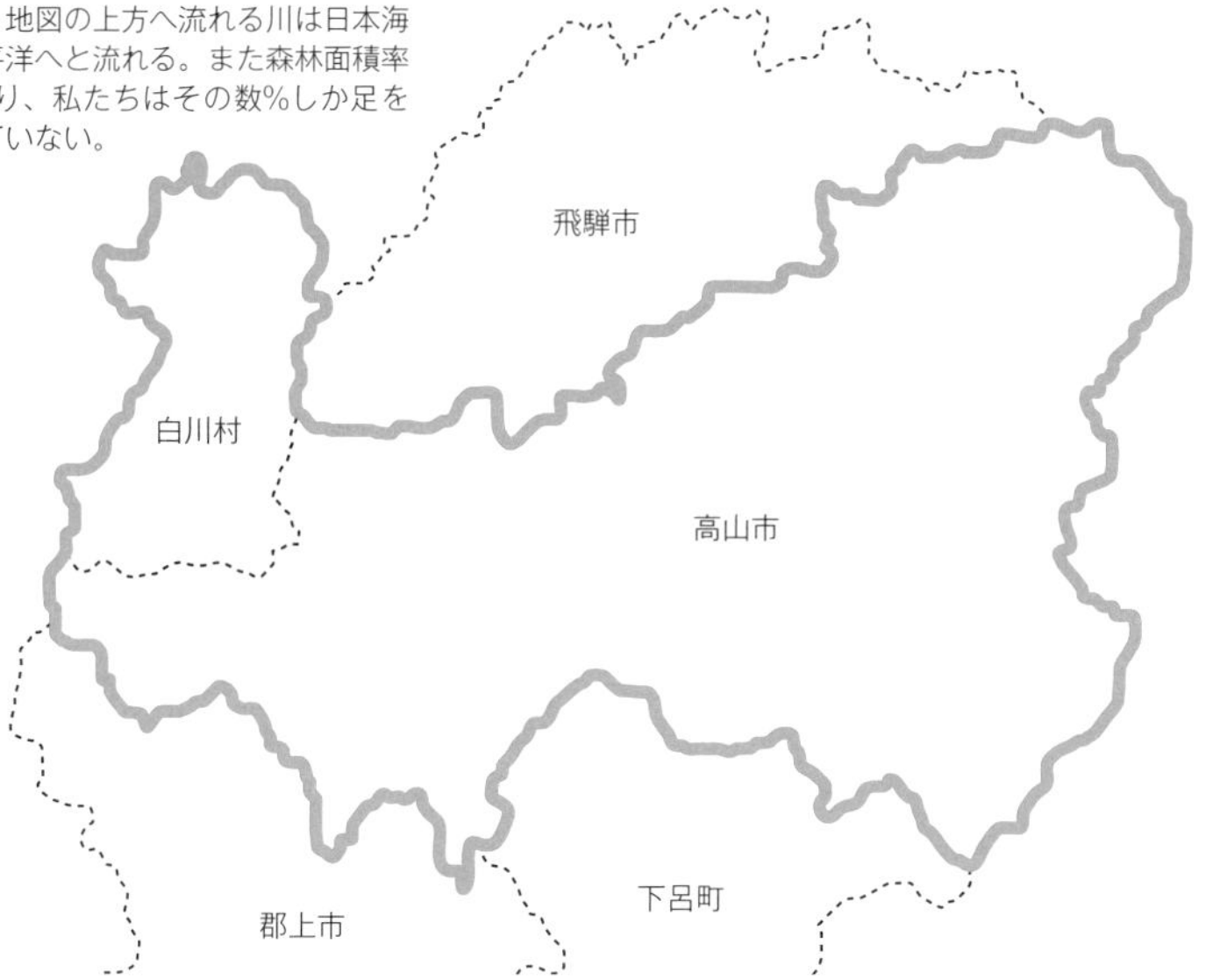

▶ドラム缶１杯の原料からたったこれだけしか精油は取れない。抽出後の原料は約１割減る。

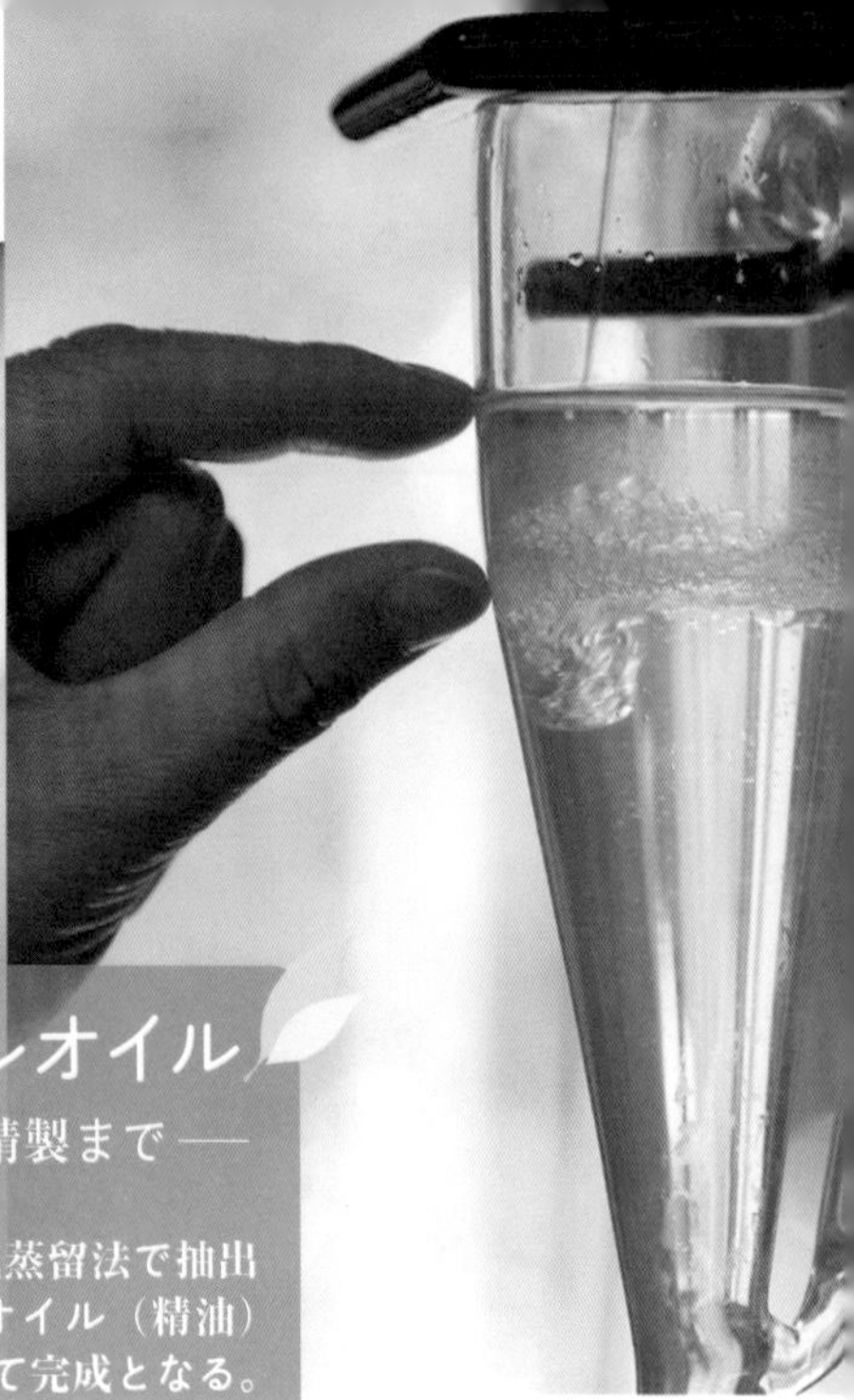

エッセンシャルオイル誕生 ──抽出から精製まで──

粉砕した原料から水蒸気蒸留法で抽出されたエッセンシャルオイル（精油）は、精製過程を経て初めて完成となる。

抽出前（スギ）

抽出後

五kgから五ml、千分の一のエッセンス

何しろ、精油はほんの少ししか採取できない。樹種によっては、どんどん精油を出す木もあるが、ほぼ千分の一ぐらいと覚悟して向かったほうがよい。森から担ぎ出した枝葉の量の多さに比べて「なーんだ、たったこれだけか」と、嘆かわしくなるくらい少ししか取れない。しかも、相手は生き物だから安定することはまずあり得ない。採集された枝葉の季節、時間、生息環境、そして、遺伝的性質等々により抽出量は左右される。

抽出した後の残渣《ざんさ》にも香りは少し残っていて、もったいない気もするが、クレーンでつり上げ外に出す。その残渣で「足浴」を体験してもらったことがあるが、参加者は大喜びだった。現在この残渣は主に堆肥《たいひ》になっているが、ほかの利用法も研究中である。

▲きらめく精製直後の精油。
◀無菌状態を保つため、UVライトと清浄な空気を送り込むクリーンベンチで精製作業を行う。

精製してエッセンシャルオイル

抽出工房で生産された精油は、不純物が混ざっている可能性があるので、精製する。基本的には水分を取り除き丁寧にろ過する。もちろんこの作業は無菌室で行われる。一般には精製から瓶詰めまでは、そのための専用工場で行われる。

しかし、抽出した精油をガスクロマトグラフにかけたり、ブレンドのレシピを作ったりするための小さな精製室で行うこともある。いずれにしても、森林の恵みのエッセンスであり、劇薬に近い濃度を持っているので慎重に扱わなくてはいけない。洗浄や希釈に使うアルコールや精製水はプラスチックの容器でもよいが、精油はすべてガラス器具で扱わないと、プラスチックを溶かして純度が保てない。

オークヴィレッジの一角にある精油の抽出工房と、その加工の工房はすがすがしい森に囲まれており、敷地の中には谷川が流れている。私たちは自然の恵みに生かされているので、常に自然の中で自然を大切にしたいと思っている。

抽出用の水は塩素消毒など滅菌処理を一切行っていない天然水で神通川水系を水源とする井戸水。

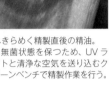

Q 樹木からの精油の抽出には、どんな注意が必要か？

A

オークヴィレッジは、創設当初から、「お椀から、建物まで」を合言葉にして、木を無駄なく使い、最近では「バット不適格材」や「倒れた街路樹」のリサイクルなど、何しろ木を隅から隅まで徹底的に有効利用するように心掛けてきた。

しかし、木を加工する過程で、乾燥機から出る大量の水分は、すべて邪魔物として捨て去ってきた。

ところが、よく考えてみれば人工乾燥という過程で出る水分は、木の中に含まれていたもので、その中には香りの成分、すなわちエッセンシャルオイル（精油）も含まれていたのだ。木はほとんどの場合、固型成分以上に水分を体内に宿している。要するに含水率一〇〇％以上である。森の樹々は、いわば「水の柱」であり、その水の柱の中には精油成分がたっぷり含まれている。

私たちが、森を歩いて気分がよくなるフィトンチッドの素は、樹木の中に含まれている精油入りの水分が蒸散したものである。ところが、その精油入りの水分は木を加工する時、伸び縮みの原因となるので、捨て去る必要があったのだ。

しかし、この捨て去っていたものこそアロマの観点からすれば一番大切なものだったのだ。私は「木を知り尽くしているようで、全く知らなかった」とやっと気づき、大きなショックを受けた。そして、キューガーデンのプランス博士と話すことによって心の底から反省をして、生きている木が持つアロマを森の恵みとして有効に使わせてもらおうと決意し、本格的に精油の抽出に乗り出した。

材料収集も大変だが、抽出もそう簡単にはいかない。まず、収集された原材料は「木部」「枝葉部」「葉部」に分ける。「木部」の精油成分は、一般に酸化膜に被われて意外と長く原材料内部に残り続ける。有名な話は法隆寺の修復の時、少し削ると千年以上も経過した材でも、ヒノキなどはすごくよく香った、という逸話もあるくらいだ。しかし、「枝葉部」や「葉部」の成分は蒸散しやすいため、なるべく早めに粉砕から抽出へと向かわせなくてはいけない。

粉砕した素材が細か過ぎると、水蒸気が素材の中を通りづらくなって抽出釜に問題が起きる可能性がある。逆に素材の粉砕が粗過ぎると水蒸気が素通りしてしまい、精油が抽出できなくなってしまう。何しろ、適度の粉砕の素材に適度の蒸気を通し、その蒸気と共に精油成分を上手に冷却器まで導き、なるべく適正温度で香りのよい精油を集めなければならない。もっとも、水蒸気蒸留機の設計から製作は、実験物理屋として大学の研究室で働いていた私にはそれほど難しいものではなかった。

それよりむしろ、水蒸気蒸留にはもう一つ大きな問題がある。それは「**使用する水**」である！　都会の水道水は消毒用のカルキ（消石灰に塩素を吸収させたもの）が混入されており、嗅覚のよい人は独特のにおいを強く感じる。しかも塩素は酸化作用が極めて強い元素として有名なので、精油成分を変化させてしまう可能性が大きい。そんな水は使ってはいけない。幸い、私たちは山奥の深い地下水を使い、もちろん、保健衛生チェックも行って、本来の意味で奇麗な天然水を使うことができている。そして、担当の抽出人が、微妙に水蒸気の温度と圧力をコントロールして、冷却器から分液漏斗に精油と共にアロマウォーター（ハイドロゾル）をためる。

抽出した精油は水分と不純物を取り除き、無菌室で、遮光性の高い茶色の遮光瓶に詰める。さらに、品質管理を徹底するためにロットごとに「ガスクロマトグラフ質量分析法」で成分チェックを行う。

水蒸気蒸留法による精油は純度が高いので冷暗所に置けば、二～三年は心配ないが、一年以内、できれば三ヶ月以内には使い切ってほしいと思う。

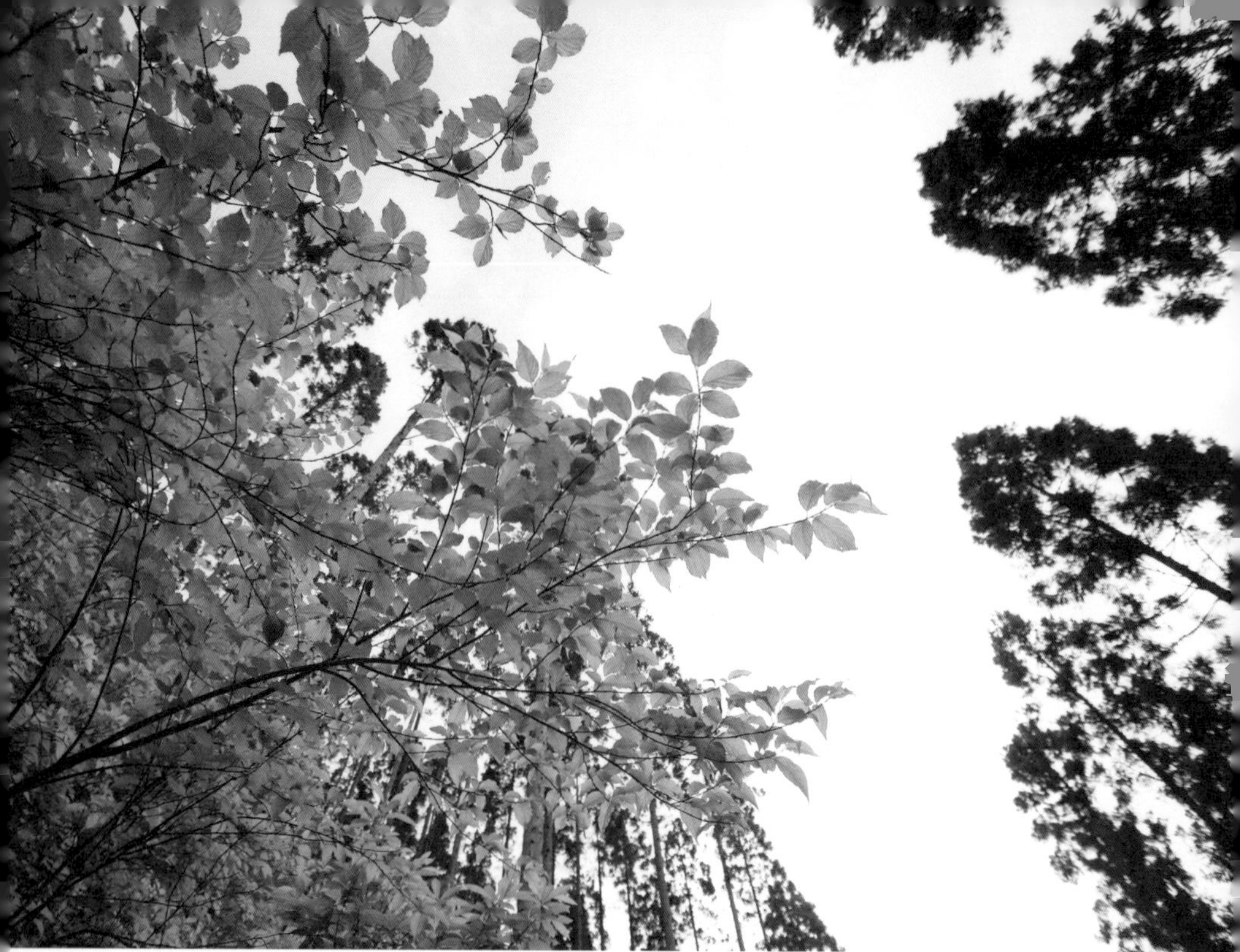

右上／裏山の林道を進むと、針葉樹と広葉樹の森が仲よく並ぶ所がある。
右下／抽出機の改良に終わりはない。熱い蒸気に負けず、皆もついつい熱くなって激論を交わす。
左上／私の家の玄関先にあるモミの木（写真中央）は、もとはクリスマスツリー。初めてのアロマはこの木の下の方の枝から。
左下／敷地内を流れる谷川。丸木橋はネイチャートレイル用。この谷川の上流の山に入り込んだ所に深い井戸があり、そこからアロマ抽出の水を汲み上げている。

Q エッセンシャルオイルの正しい保管方法は？

A 植物から抽出された純粋な精油は、今まで述べてきたように抗菌効果などが非常に高いもので、基本的には腐らない。しかし、化学的にはかなりデリケートで、環境の変化で変質する可能性がある。

まず、直射日光は避ける。特に柑橘《かんきつ》系のものは気をつける。いくら遮光瓶に入っていても紫外線を完全に遮断しているわけではない。

また、なるべく室温の高い所は避けたい。化学物質の常識として、温度が高くなると反応が早くなり、変質の原因になる。四℃～一〇℃が保管に適している。また、冷蔵庫などに入れておくと、揮発性は低下する。従ってそこから出したばかりの時は、精油はあまり香らない。それで、精油の瓶を手のひらで握って少し温めると、香り出したりする。精油は体温に近い三〇～四〇℃ぐらいでよく香るものが多い。芳香浴の項目（第五章参照）でも述べるが、ウォーマーやキャンドルとしてかなり高い温度で楽しむこともできる。

しかし、精油は消防法上の危険物であり、発火しやすいことを、よく頭に入れておいてほしい。精油の原液を火気に近づけることはもちろん厳禁で、紙や布にしみ込ませた場合でも、その紙や布の処理時には火気に気を付けることが必要だ。

また、瓶を開封すると、精油の中には揮発性が高いものが多いので、開封したままでは、どんどん蒸散してしまう。その上、酸化により変質するものも多いので、開封したらできれば三ヶ月以内には使い切ってほしい。そして、使わない時には冷暗所にしまうように心掛けてもらいたい。

Q 日本産の精油には、特別な使い方が必要？

A

◎使うための三つの基本

日本産の精油は海外産に比べ、それほど特別ではない。よって今まで海外産の精油を経験した人は、その知識を基に「少し応用範囲を広げよう」と思ってもらってよい。ただ、日本の森からのアロマは、一見香りが柔らかく親しみがあるので、弱々しく感じられるが、その実、全く混じり気なく純粋なので、驚くほど強力な要素を持っている。そこで、次の三点に気を付けてほしい。

●精油はほとんどのプラスチックを溶かす。過去にいろいろな実験を行った結果、市販の電動式ディフューザー（芳香蒸散器）で、内部にプラスチックを使ったものは、それが溶解して不具合を生じている例がいくつかある。それ故、ディフューザーは慎重に選んでほしい。それから、精油の瓶は絶対に横に向けて置いておいてはいけないし、使うごとにキャップに付いた精油を拭き取ってほしい。

●精油は極めて高濃度であり、使う場合、飲んではいけないのは当然として「芳香」の時でも、鼻を瓶に付けるように嗅ぐ人がいるが、もちろん、鼻に付けてはいけない。新たに使う人はパッチテスト（七五ページ参照）が必要不可欠である。

●海外産の精油で純正なものと日本産精油をブレンドする場合は、いわば「出会ったことのない薬と薬を混合する、初めての実験」と思ってもらってよい。徹底して慎重に進みつつ、同時に十分経験のある人は、大きな期待を持って進めてもよい。

Q 外国産と日本産の精油、香りの違いはあるか？

A

確かに、外国産のエッセンシャルオイル（精油）と日本産の精油では、何とはなしに、その香りの雰囲気が違う感じがする。そこで、一般的な日本人は外国産と日本産の香りに対して、どのような傾向を示すか調べてみることにした。今回、「農商工ファンド事業」の支援を得て、民間の調査会社に依頼して次のような嗜好調査を行った。

調査される人は、どういうものかを全く聞かされないで（ブラインドテスト方式）、日本産のヒノキと外国産のサイプレス、日本産のモミと外国産モミ、そして日本産のクロモジと外国産のローズウッド、この三つのペアの香りを嗅ぐ。

①好き、②ほっとする・安心する、③爽やか・軽やか、④落ち着く、⑤すっきりする、⑥懐かしい、⑦使ってみたい、

	セット1	セット2	セット3
日本産アロマ yuica 精油	A. ヒノキ（葉）	C. モミ（枝葉）	E. クロモジ（枝葉）
	ヒノキ科ヒノキ属 Chamaecyparis obtusa	マツ科モミ属 Abies firma	クスノキ科クロモジ属 Lindera umbellata
	国産（育成林）	国産（野生）	国産（野生）
	抽出部位：葉	抽出部位：枝葉	抽出部位：枝葉
	水蒸気蒸留法	水蒸気蒸留法	水蒸気蒸留法
主な成分 成分分析：正プラス	サビネン／ボルネオール／リモネン／酢酸ボルニル／ネロリドール／ミルセン／テルピネン／α-ピネン 他	α-ピネン／酢酸ボルニル／β-ピネン／リモネン／サビネン 他	リナロール／カルボン／ゲラニオール／リモネン／1,8-シネオール／酢酸ボルニル／α-ピネン／カンフェン 他
外国産 精油	B. サイプレス・オーガニック（イギリス）	D. モミ（ドイツ）	F. ローズウッド（フランス）
	ヒノキ科 Cupressus	マツ科 Abies alba	クスノキ科 Anibas rosaeodora
		産出国：クロアチア	産出国：ブラジル
	抽出部位：針葉	抽出部位：針葉	
	水蒸気蒸留法	水蒸気蒸留法	
成分出典： エッセンシャル総覧 2007	α-ピネン／δ-3-カレン／リモネン／サビネン／テルピノーレン／γ-テルピネン／ミルセン／セドロール／α-酢酸テルピニル／酢酸ボルニル／βカリオフィレン 他	（モミ・ヨーロッパオイル）α-ピネン／リモネン／β-ピネン／カンフェン／酢酸ボルニル／サンテン／α-ツエン／β-カリオフィレン／α-テルピネオール／テルピノーレン／ミルセン／α-フュムレン／δ-3-カレン／δ-ガジネン 他	リナロール／α-テルピネオール／リモネン／ゲラニオール／シトロネラール／ρ-メチルアセトフェノン 他

という七項目について、次のような五段階の評価をしてもらった。

5＝非常にそう思う、4＝どちらかというとそう思う、3＝どちらでもない、2＝どちらかというとそう思わない、1＝全くそう思わない

ブラインドテストに使った精油は右ページ下の表の三種類で、日本産のアロマはすべてｙｕｉｃａのものにした。

五段階評価の結果

日本産と外国産の比較では、すべて日本産の方が高い評価となった。

この調査は二〇一〇年の一月から約一〇〇名の人を対象に行われ、その後も東京を中心に何度も同じような調査をし続けたが、年齢によるばらつき、経験によるばらつきは出たものの、総じて右記の結果とほとんど同じく「日本人には日本産の方が評価が高い」結果であることが判明した。この調査は「効果」ではなく、あくまでも「嗜好」であることを誤解がないように申し添えておきたい。

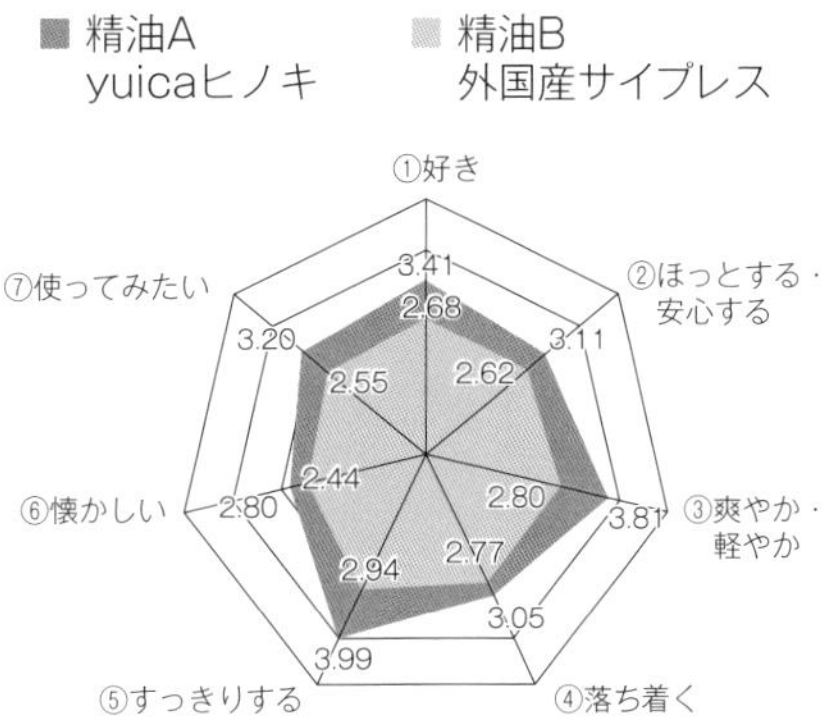

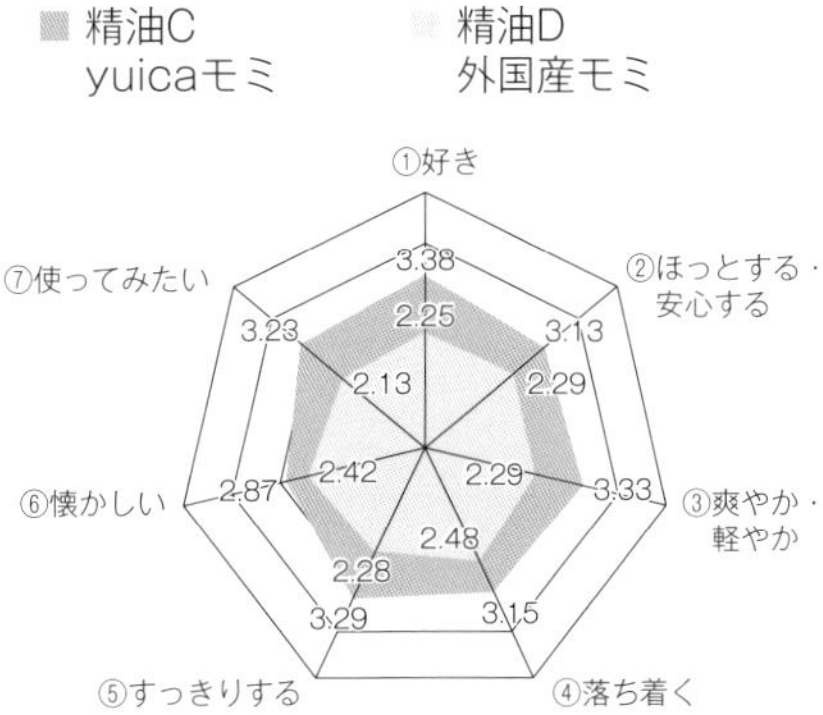

Q アロマのスクールで勉強した方が良い？

A C・W・ニコルさんの紹介で日本で長年、医学とアロマの関連について携ってこられた元アロマセラピー学会会長・本間請子医師と話した。「そもそも、エッセンシャルオイルは植物のエキスをものすごく濃縮した、ものによっては劇薬だということを知らずに使おうとしている人が多くて困ったことですね」とおっしゃった。

エッセンシャルオイル（精油）は、いろいろな本にも書いてあるが医薬品ではない。精油は現時点では薬事法に基づく医薬品とは別の分野の「雑貨」として扱われている。ところが、いくつかの場合、市販されている医薬品と比べると、抽出の項目（五三ページ参照）で述べたように極めて高濃度なので、本間先生が言われるようにものによっては劇薬の部類に入るくらい危険な側面を持っている。

いずれにせよ精油は全身をめぐるので、上手に使うと効果は高いが、逆に間違えると大変なことになるのは容易に想像がつく。日本には、アロマスクールがあるので、そこでのテストや講座にぜひ参加し、できれば資格なども取ってほしいと思う。

具体的には『yu・ica 認定日本産精油総合講座』があり、巻末にそれを教える全国のアロマスクールが列記されている。「アドバイザー」「インタープリター」「スペシャリスト」という三段階の資格があり、「スペシャリスト」（第一号はラヴァーレの菅野千津子さんだが、現在二〇〇人くらいに増えている）は「インタープリター」などを教えることができる制度になっている。

日本のアロマの勉強は自分自身の健康と自然環境保全に結び付き、深い教養を培うことにも繋がる。

Q　アロマの成分と効能の関係は？

A　香りについては、人類が誕生して比較的早い段階から、祈祷や妖術の際などに使われていたといわれている。歴史に残っている例では、エジプト王朝のクレオパトラが、バラの香水や入浴剤を使っていたことが有名だ。また、ミイラの防腐剤としても使用されていた。

アロマに関する歴史を見ると、一〇世紀にアラビアで水蒸気蒸留法がほぼ確立し、それがヨーロッパに伝わったが、本格化したのは二〇世紀からである。フランスの化学者ルネ・モーリス・ガットフォセが「アロマテラピー」という言葉を産み、精油の機能を研究した。また、その後、同じフランスの軍医ジャン・バルネが『アロマテラピー（日本語訳『ジャン・バルネ博士の植物＝芳香療法』）』という本を医学的見地で出版した。さらにマルグリット・モーリーが「心身共に、バランスを取りつつ健康に生きる」という「ホリステック・アロマセラピー」を提唱した。

西洋に比べ日本では、香りは「香道」などにみられるように「お香をたく」ことが主で、精油のような液体として抽出して使う習慣は育たなかった。しかも、アロマセラピー（仏語ではアロマテラピー）が本格的に入ったのは一九八〇年代頃からで、厚生労働省が管轄でなかったこともあり、精油の機能については、明確に証明されず、本格的な医学と結びつくのが大いに遅れてしまった。

しかし、精油に含まれる成分が判明すれば、成分に由来する機能は西洋の長年の診療経験から証明されているので、これらを基に精油を構成している成分の特性から、次ページの表のように、機能や作用成分を分類することができる。

精油成分の分類と機能

※下線はyuicaに含まれる成分および成分を含む植物（樹種）

分類	主な成分		成分を含む植物（樹種）	特徴と注意	機能
炭化水素	モノテルペン炭化水素	α-ピネン テルピネン リモネン ミルセン カンフェン サビネン γ-テルピネン β-フェランドレン	モミ スギ サンショウ ヒメコマツ ヒノキ ニオイコブシ かんきつ類 サイプレス ジュニパー	柑橘類、樹木類に多く含まれる。素早く反応。精神と身体に活力。皮膚刺激に注意。	森林浴 コーチゾン様作用 組織再生 うっ滞除去 抗菌 消化促進
	セスキテルペン炭化水素	ツヨプセン α-コパエン アズレン セドレン β-カリオフィレン	アスナロ ヒノキ ヒメコマツ ジャーマンカモミール シダーウッド ブラックペッパー ミルラ	ゆっくり反応。心身を中庸な状態に。	消炎 鎮静 うっ滞除去 ツヨプセンは防虫作用
	芳香族炭化水素	パラシメン	ティートリー	皮膚刺激	抗真菌
アルコール	モノテルペンアルコール	ゲラニオール リナロール ボルネオール テルピネオール メントール	クロモジ ニオイコブシ ヒノキ ヒメコマツ ペパーミント ローズ ラベンダー ローズマリー	精神と身体のバランス。素早く反応。順応力向上。	抗菌、抗ウイルス 緩和、収れん 鎮静 強壮
	セスキテルペンアルコール	ネロリドール キュベノール サンタロール ファルネソール	スギ ヒノキ サンダルウッド ネロリ リンデン	ゆっくり反応。持続的抵抗力。自律神経を整える。	抗菌 細胞修復 緩和。抗ストレス。
	ジテルペンアルコール	スクラレオール	クラリセージ ジャスミン	ホルモン様作用	ホルモン様作用
フェノール		チモール カルバクロール オイゲノール	タイム クローブ フェンネル	やや注意 皮膚刺激。	抗菌 鎮痛 消化機能促進
アルデヒド		シトロネラール ゲラニアール ペリラアルデヒド シンナミックアルデヒド	サンショウ ニオイコブシ シナモン レモングラス	反応性が強い。心的活力。神経過敏。皮膚刺激。	抗菌 防虫 血行促進 消化促進
ケトン		カルボン カンファー メントン プレゴン ツヨン	クロモジ スギ ペパーミント ペニーロイヤルミント セージ	神経毒性	抗菌 防虫 賦活 粘液溶解 胆汁分泌
エステル		酢酸リナリル サリチル酸メチル 酢酸ボルニル 酢酸ゲラニル 安息香酸メチル	モミ ミズメザクラ サンショウ ヒノキ スギ クロモジ ヒメコマツ ラベンダー ベンゾイン バーチ	精神と身体の緊張を緩和。安《あん》堵感《どかん》を与える。サリチル酸メチルは、アスピリン過敏症に注意。	鎮静 鎮痙 消炎 鎮痛
オキサイド		1,8-シネオール	ニオイコブシ クロモジ ユーカリ	集中力向上。判断力向上。皮膚刺激。	抗カタル 去痰 抗ウイルス
クマリン		クマリン ベルガプテン	サクラ シナモン ベルガモット	ベルガプテンは、光感作に注意。	血液流動

森のアロマのある暮らし

人間は自然の一部だと、ほとんどの日本人は思っている。心と体のトータルな健康を築くために、「都会という砂漠の中で、オアシスに似た家という森に帰る」

このフレーズにぴったり合う生活をイメージして、アロマを取り入れてみよう。

人間は一日一人で空気を約二〇kgも吸う。通常成人の場合、体重の三〇%ぐらいの空気を毎日体に出し入れしているのだ。ところが、その空気はかつて自然があふれていた時代に人類が吸っていたものとは違う。今でも、よく手入れされた里山の近くで谷川の流れるような場所の空気は、マイナスイオンが漂いとても爽やかだ。室内をその空気に近づけるために、自然が生み出した野生の精油を自然蒸散で香らせたり、ルームスプレーで空気を浄化したりして、森林浴の環境を日々作りだそう。

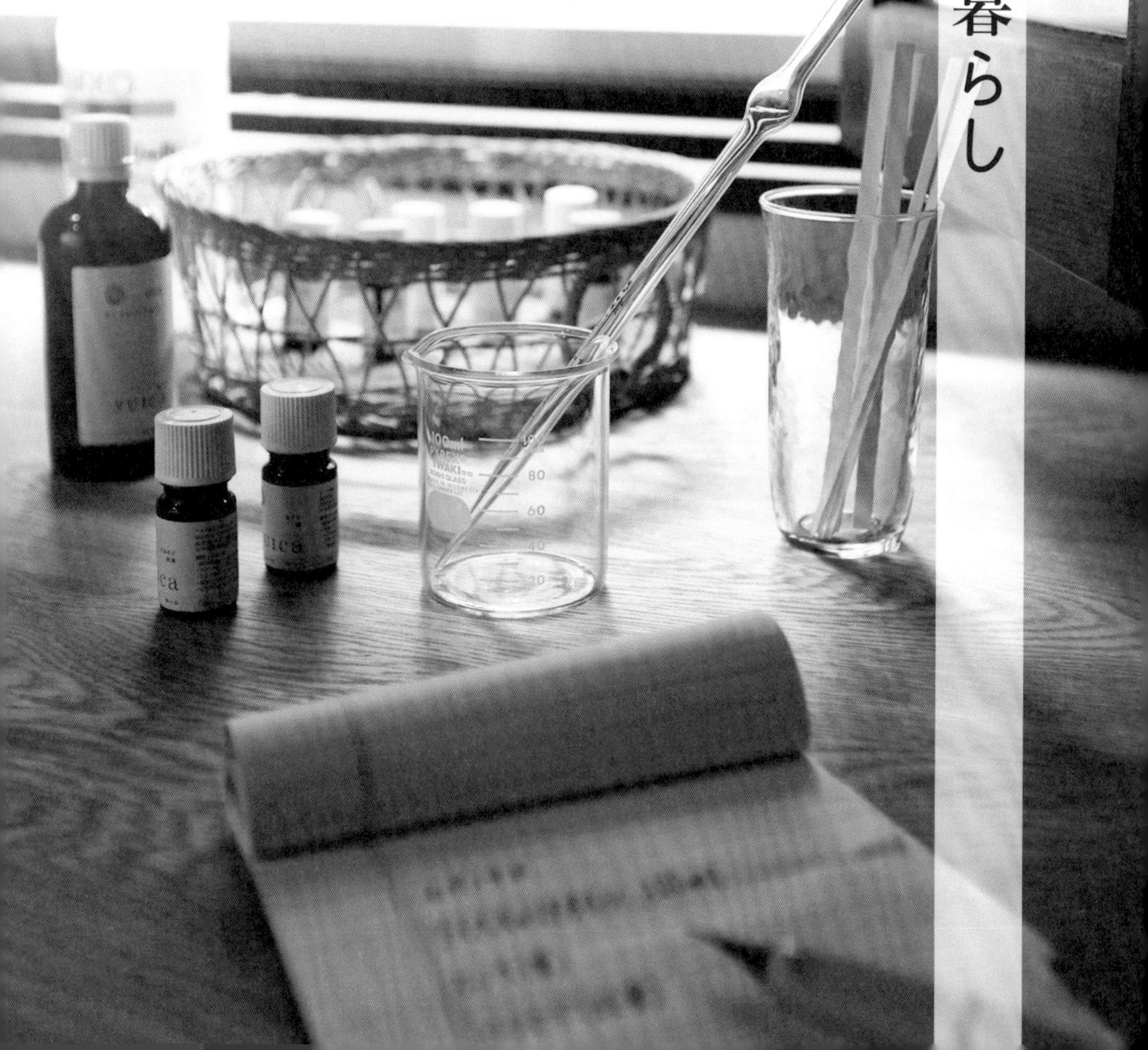

スクール受講者からの報告

花粉症対策、芳香浴などで、大活躍しています。空気が浄化され、心が落ち着き、呼吸が深くなるのを感じます。お客さまにも「深い森の中にいるような感じだった」と好評で、都会でせわしなく働く現代人の必香だと思います。（狛江市　S．H．）

親子カフェでマッサージを受けた小学生のママから「本当に森林浴しているみたいな爽やかな安らぎ。休みなく思考を続ける私の頭を、癒やしの手で熱を吸い取ってもらいました」。（狛江市　K．Y．）

森林の香りは、もともと男性（男の子）に人気です。米ぬかオイルに四種の森のアロマを使ってオリジナルブレンドを作り、マッサージを中心に活動しています。和の純粋な樹木からの「森の薫り」は老若男女に愛されています。（K．Y．）

友人たちの集まりで日本産アロマを試香して、香りのランキングやイメージなどを聞いています。ヒメコマツをミカンの香り、ニオイコブシを子供の頃の紙石けんの香り、クロモジも、ローズウッド系と答える方もいれば、子ども薬の香りと答えた方もいました。

ヒノキ（木）は、皆さん共通して、「お風呂」。木の香りとお風呂は、日本人はみんな大好きなんだと改めて実感しています。（品川区　K．S．）

すがすがしい木々の香りから、木から採れたとは思えない甘く優しい香りまで。出会って一目ぼれならぬ一嗅ぼれでした。

驚いたのは香っていただいた方々が「すごく純粋な感じがする」と口々に言われること。そのピュアな香りは、次々と嗅《か》ぎ比べても香り酔いしません。日本人には日本のアロマ、自然な流れとして私も共に歩んでいきたいです。　（兵庫県　K・M・）

一〇年目のアロマセラピストです。柔らかく繊細な香に癒やされました。海外産に比べると、刺激が少ないように感じられますが、大変優しい気持ちにしてくれます。　（愛知県　M・H・）

介護アロマ＆ヨガの講座の講師もしていますが、西洋アロマの香りに慣れているので新鮮なようです。特にご高齢の方や介護でお疲れの皆様に好評で、日本独特の香りに癒やされているようです。（M・H・）

クスノキ科のクロモジのエッセンシャルオイル（精油）は、アマゾンで絶滅を危惧されるローズウッドの代替品として使用できるだけではなく、日本では馴染みの深いハーブとしてご紹介できることも魅力です。もっともっと日本の芳香精油が誕生してほしいので、愛用していきたいです。（S・H・）

ニオイコブシの精油と米ぬかオイルを、持ち運びやすい缶容器のシアバターに混ぜて使っています。ニオイコブシ独特の柔らかく甘い香り、保湿効果の高い米ぬかオイルとシアバターとが混ざり合い肌によくなじみ、好評です。　（品川区　I・K・）

珍しいニオイコブシは爽やかな中にもほのかに甘さが感じられて、特に気に入っています。これには幸せな気持ちをもたらすドーパミンの分泌を促進するといわれているゲラニオールという成分がとても多く含まれているので、まさに〝幸福アロマ〟。幸せな気分になれ、日本産ならではの奥ゆかしさも感じられます。　（岐阜県　T・S・）

※精油はいわば劇薬ですので、勉強してから使用してください。

生活の中へのアロマ関連製品の取り入れ方

朝起きてから眠りにつくまで、生活全体の中で五感をうまく刺激するような、時間の過ごし方を見直してみよう。嗅覚は同じ香りに慣れやすい感覚だから、めりはりをつけて有効に活用しよう。

◉朝の目覚めは

目覚めは、森林の香りの中で谷川の音や小鳥の鳴き声など自然の音で起きるのが一番だ。そして朝の陽を浴びよう。さらに、ニオイコブシのブレンドをベースにしたｙｕｉｃａの『めざめ』というリフレッシュスプレーをシュッとすると、森の中で目覚めたようなすがすがしい朝になるだろう。

歯磨きには昔からクロモジが使われてきた。クロモジには抗菌機能がある上、ほんの少し強壮作用もあり、朝の元気づけにもなる。

洗面所ではクロモジの洗顔フォームやクロモジの化粧水を使って出かける準備をするのもよい。トイレではモミをメインにした『きよらか』というリフレッシュスプレーが消臭にもなる。

◉食事では

人間は一日に約二kgの水と約二kgの食物を体内に入れるが、この水や食物が健康を大きく左右する。朝食の前に、まず温かいお湯を一杯飲むのがよいといわれている。お茶でもよい。胃を温めてから食物を入れると胃が活性化しやすいからだ。その時「元気がないなあ」と感じたら、ハチミツやユズを加えよう。食材はなるべく無農薬で完熟たい肥で育った野菜、旬のものを選び、よくかむことを心掛ける。

そして、食前にはクロモジやニオイコブシ系のブレンドの森の香りのおしぼりがおすすめだ。

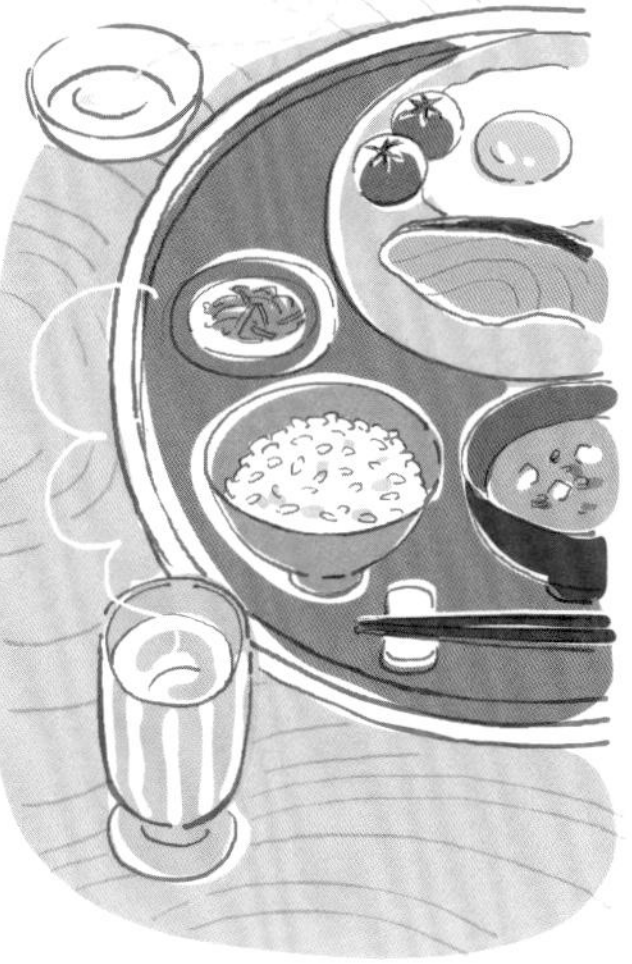

◉掃除や洗濯では

掃除をして空中にほこりが舞った後に、ニオイコブシとヒノキのブレンドやモミとスギのブレンドを使ったリフレッシュスプレーを噴霧すると、香りがよいだけでなく、空気の清浄化や抗菌機能も期待できる。洗濯のすすぎにアロマウォーターを加えてもよいだろう。

家事の合間にハンドバス（手浴）やフットバス（足浴）でリフレッシュタイムを持つのも良い。

アロマセラピストから〝日本産アロマ〟実用提案

【玄関や部屋】　ヒノキなどの森林浴の香りは部屋や玄関の芳香にぴったりです。（岐阜県　T.S.）

【トイレ】　空気清浄作用のあるスギ（葉）をトイレに使っています。使い方は、小さな器に重曹を入れ、スギを一、二滴垂らすだけ。爽やかなトイレになります。（狛江市　T.S.）

【首筋】　日本の森林のアロマがこんなにあるとは知りませんでした。とても気に入り、希釈して毎日首筋に塗ってリンパの流れをよくしながら、香りを楽しんでいます。（狛江市　K.Y.）

【ヘア】　ヘア剤として、希釈して毎朝髪に塗布しています。ほのかにいい香りが残るようで、出会う方に「いい香りがするけど何の香り？」と聞かれます。（K.Y.）

【ハンド】　デイサービスでハンドマッサージを定期的に実施しているおじいさんに「今までの甘ったるい香り（フローラル系アロマ）より、このすっきりとした香りはとてもいい」と好評でした。（K.Y.）

【化粧水】　一週間で使い切れるよう、無水エタノール五㎖、精製水四五㎖にクロモジ四滴、ニオイコブシ一滴を入れて作っています。（岐阜県　M.H.）

【トリートメント】　爽やかな香りを希望されたお客様にクロモジ、ライム、レモンでトリートメント用オイルをブレンド。とてもすっきりして気に入っていただけました。（T.S.）

【バスソルト】　精油をデッドシーソルトと混ぜて、その日の気分で香りを変えて、バスソルトを作っています。

（品川区　K・S・）

【アロマランプ】　入浴時に使う際は、浴槽に浮かべることができる、お風呂専用のアロマランプを使用しています。球形のアロマランプの真ん中にくぼみがあり、そこにお湯を張って、精油を数滴たらして芳香浴をしています。

（K・S・）

【スポーツ】　スポーツをする方にケガの予防、疲労回復のためのセルフケアとしても使っていただいています。ケガ予防としてウォーミングアップにクロモジのブレンドを使用、身体を温めて気分を落ち着かせ、集中力を持続させる効果が期待できます。

アフターケアにはミズメザクラのブレンドを使用、練習や試合後に使うと筋肉の疲労回復が見違えるほどだと、二〇代の女性マラソン愛好家や五〇代の男性ゴルフ愛好家の方からご意見をいただいています。

（世田谷区　I・A・）

【目の疲れ】　パソコンワークが続いて目が疲れている時、ソファにもたれ、アイピローの端っこに、お気に入りのヒノキやヒメコマツのオイルを一、二滴垂らしてひと休み。やがて体温でほんのり温まったオイルが穏やかに香り始めます。

目を閉じていると必要な感覚だけが研ぎ澄まされるのか、普段以上に香りを深く感じられる気がして、リラックス効果抜群です。

（武蔵野市　N・S・）

【就寝時】　アロマプレミアムのクロモジのおしぼりで香りを嗅いで、マインドフルネスで落ち着いてから寝ます。

（K・F・）

【キャリアオイル】　精油をライスキャリアオイルと共に肌にのせれば、低濃度でも香り立ちがとてもよいです。施術後、背中を拭きましょうか？　と伺うと「拭かないで！」と必ず言われるほどの浸透力、その後のお肌のもちもち感、最高です。

（吹田市　K・M・）

アロマで集中力アップと疲労回復

しっかり仕事をして、ゆったりと深く休む。生活によいリズム感ができると、生きることは何か楽しく、心も体も健康を保てるようになれるだろう。テレワークやステイホームの時間が多いと、特に生活リズムが大切になる。

◉仕事では

仕事に集中するには、集中力を高めるといわれている1,8 - シネオールが含まれているニオイコブシが

おすすめだ。『森香炉』という芳香ボックスのセラミックに『めざめ』を垂らすのがよい。

また、気分的にしゃきっとしたい時はサンショウの香りがよい。ヒノキとクロモジは、疲れを癒やす一方、集中力を高めるための高揚機能もある。

長時間のコンピュータ仕事などで肩が凝ったり、力仕事やスポーツなどで筋肉が疲労したら、ミズメザクラがブレンドされたマッサージオイルやクリームで肩や腰などを指圧すると、もうひと頑張りできる。

何より、日中の動きにめりはりをつけることが大切だ。心と身体の変調を克服するには、アロマを活用しつつ、適度に身体を動かし、食事にも気をつけトータルに自分自身のケアが必要だ。

◉バスタイム

日本人にとってのお風呂は、ただ体を洗うだけではない。浴槽の中に体全体を沈めてゆっくり時間を過ごすという習慣があり、森の香りの入浴剤『7days バス』を使えば、「森林浴をしながら温泉に入る」を家で追体験できる。クロモジなどのボディソープやシャンプーは肌にもよいいし、森の香りに包まれたバスタイムを実現できて、お風呂に入るのが最高の楽しみとなる。

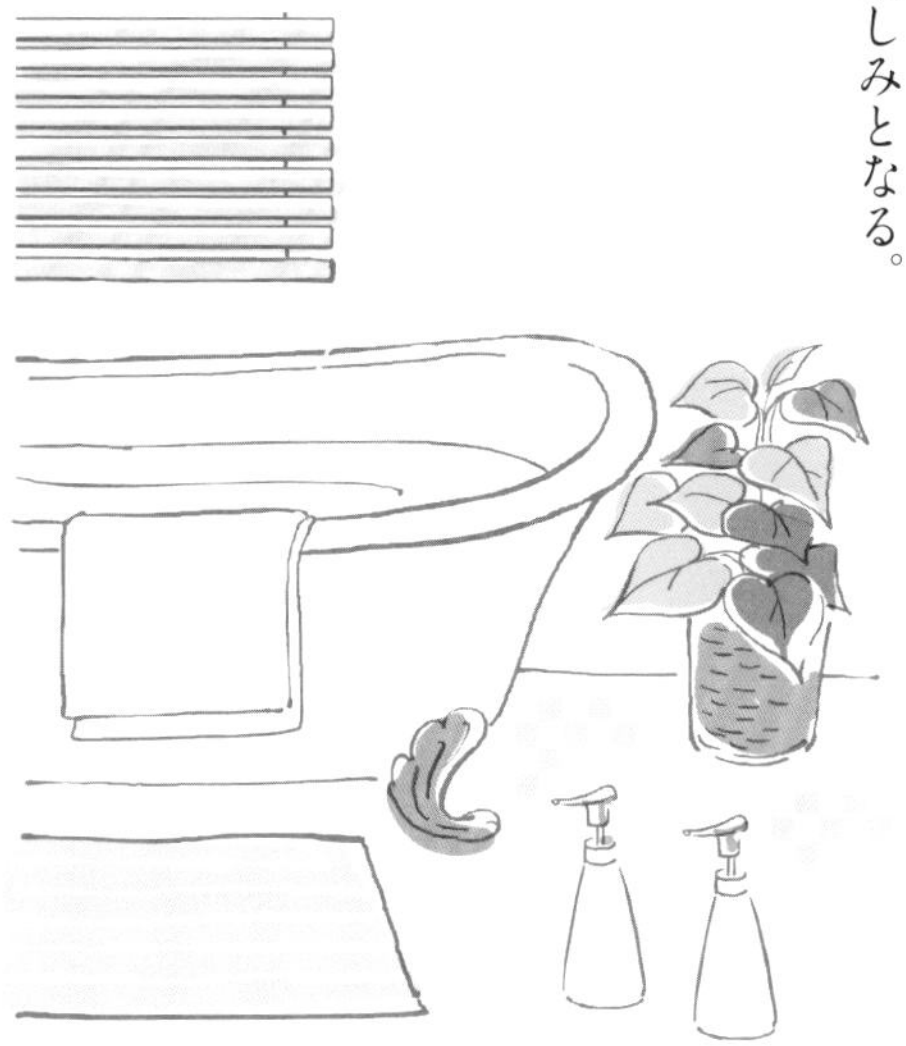

◉リラックスタイムには

男女問わずぜひ試してほしいのは、聴覚と嗅覚を一緒に働かせて「音楽を聴きながら香りを楽しむ」という方法だ。

さらに、視覚も使う映像を加えて、豊かな森の映像を見ながら野性の香りであるクロモジやヒノキのブレンドのアロマと共に、ゆったりとした時間を過ごすことを想像してみてほしい。自分の体調に合ったアロマと音と映像を選び、その相乗効果で心の底から疲れをときほぐし、明日への希望をはぐくむ。寝る前にこのような休息時間を過ごせば、きっとよい夢が見られるだろう。

第五章

日本産精油の使い方

初めて精油をお使いになる方へ

エッセンシャルオイル（精油）として販売されているものは多種多様である。そのため、トレーサビリティ（どこでどう材料を集め、どういう抽出法で、いつ抽出されたのかなどの軌跡）を確認し、その植物の学名、そして成分などが明らかになっているものを選ぶことが大切だ。「アロマオイル」（時には「エッセンシャルオイル」「精油」とあっても）と表記されているものの中には、化学的合成香料や別種のオイルが混入しているものがある。信頼できるスペシャリストなどのアドバイスも参考になるだろう。

一般に香りのよいものは、品質がよいものが多いといわれている。ただし、望みの機能があっても人によっては合わない香りもある。自分の感覚を磨き、それを大切にして、自分にとっての〝よい〟香りのもので、かつぴったりの機能のものを選ぼう。

精油選びのポイント

●原材料植物の学名や原産地が明記されているもの
●一〇〇％天然もしくは野生成分のもの
●原材料植物の栽培方法（有機栽培など）が明らかなもの
●抽出方法や抽出時期が明らかなもの
●ロット番号が記載されているもの
●添加物が入っていないもの

精油の保管方法

◎保管は冷暗所が原則。夏は冷蔵庫の中に置くのもよい
◎遮光瓶に入っているのは常識だが、それでも、紫外線には当てないように注意する
◎精油はそれ自体が腐るものではないが、揮発性の成分は蒸散するため保管期間は短めに。ただし、中には成熟して香りがよくなるものもある
◎開封した場合は三ヶ月ほどで使い切るのが理想的

まずはパッチテストを

パッチテストとは、精油をキャリアオイルで希釈したものを腕の内側などに少量塗布して、アレルギー反応などの異常が起きないかどうか、体質に合っているかを調べるテスト。敏感肌の方は使用するキャリアオイル自体もテストした方がよい。

香りを嗅《か》ぐ目的で使うにしても、使用前にそれぞれの人がパッチテストをすることが大切。アロマテラピーを楽しむ前に、ぜひ行っていただきたい。

【パッチテストの具体的方法】

精油を自分が使用したい用途の濃度に希釈したら、腕の内側の柔らかい部分に１～２滴ほど塗布する。そのまま48時間ほど異常がないかどうか様子をみる。赤みや湿疹、かゆみ、痛みなどの異常が出たらすぐにテストを中止し、よく洗い流す。もしこれらの反応が出た場合には、その精油の使用を控える。

希釈とは？

精油の効力を損わずに身体の状態に適したレベルの濃度に薄めること。

キャリアオイルなどの希釈するものを「基材」と呼び、基材の量に対して精油がどのくらい入っているかを「希釈濃度」と呼ぶ。キャリアオイルは精油を使うための必需品といえる。

希釈濃度の目安

顔に使う場合には〇・五～一％、体に使う場合には〇・五～二％を目安に希釈する。敏感肌の方は特に注意が必要で、最も低い希釈濃度から始める。

ドロップ栓付きのものはおおむね一滴が〇・〇五㎖だが、精油の粘度によって一滴の量に幅がある。

また、精油の質によっても幅がある可能性があるので、パッチテストをした上で何度か試し、自分に合った希釈濃度を、自分が納得いくように決める。

右上 / 樹木の枝葉を採集するには、一般に長手の枝打ちノコを使って切り落とす。切り落とした枝葉は、束ねて山から降ろす。
右下 / 飛騨高山森林組合の関係者が小型トラックに枝葉を載せて、随時、抽出工房に届けてくれる。
左上 / ニオイコブシの新芽はオレンジ色で見るからに瑞々しく、口に入れると驚くほどのおいしさ。
左下 / サンショウは夏に赤く熟したものから抽出している。

アロマの楽しみ方の三つの基本

精油の使い方には、大きく分けて次のような三つの方法がある。

❶ 嗅《か》ぐ（芳香浴・吸入）

精油の芳香を、鼻やのどから直接もしくは間接的に、嗅いだり吸引することで楽しむ。

❷ 入浴（アロマバス）

精油が入った入浴剤を使い、身体を浸して楽しむ。精油は本来、水に溶けない油成分のため直接浴槽に垂らすと、時に水面に浮いて肌によくない。

❸ アロママッサージ

精油をキャリアオイルに加え、身体をマッサージすることにより楽しむ（第六章参照）。

それぞれ、「楽しむ」を強調しているのは、アロマは医薬品ではなく、使えば病気がすぐ治るというものではないということ。そして、楽しみながら使ううちに病気の根源までも治癒していくタイプのものであることを理解してほしいからだ。

精油ブレンドの基本

エッセンシャルオイル（精油）の原液を瓶からそのまま嗅《か》いで楽しむのももちろんよいのだが、大きく分けて次の二つの目的で、ブレンドをした方がよいといえる。

一つは、香りをより豊かに楽しくするため。それは、それぞれの原液の香りを嗅いでその特徴をよく覚え、バランスよくブレンドをすることにより、より味わい深い香りを演出することを目的とする。例えば、●少し甘くフローラル系に近い香りはクロモジとニオイコブシ、●強めの爽やかな香りはヒノキの葉とモミ、●控えめな爽やかさで落ち着きを感じさせる香りはスギとヒメコマツ、といった具合だ。香りと香りをどう混ぜ合わせ、いかに創造的なものにするかは、その人の勘が重要だ。

香りのよいブレンドを創り出す時に忘れてはならないのは、「混ぜ過ぎると元に戻らない」ということだ。料理の味付けと似ている。これをよく心しておかないと大切な精油が無駄になってしまう。

二つめは、機能を考えたブレンドだ。そのためには、二章で示した、それぞれの精油の成分と、その成分が持つ機能特性をよく理解しなければいけない。例えば「モノテルペン炭化水素」ならば「抗菌」「うっ滞除去」「消化促進」などが期待される。そして、その成分を含むのはヒノキ、モミ、スギ、ヒメコマツであり、クロモジも少しだけ含む、などということを体験も含め勉強する必要がある。

このようなことを頭に入れて、アロマのスクールなどでブレンドを重ねて体験してほしい。香り同様、機能もあまり欲張ってやたらと混ぜ合わせて、何にでも効く万能薬を目指してはいけない。混ぜ過ぎると互いの機能を打ち消し合うこともあるからだ。

しかし、自分にぴったりのブレンドができると香りがよい上に、免疫強化や自律神経のバランス、内分泌促進などにもよい影響を与えることができる。

香りのタイプについて

香りには次の七つのタイプがあるといわれている。分類の根拠は必ずしも明確ではないが、芳香の傾向を考える上でそれなりに役立つ。

ウッディ系
森林を思わせる、爽やかでリラックスできる香り

フローラル系
花が持つ優雅さと甘さを感じさせる香り

エキゾチック系
異国情緒を感じさせる、個性的な香り

スパイス系
香辛料を原料とした、刺激的な香り

柑橘《かんきつ》系
すきっとした、みずみずしい果実の香り

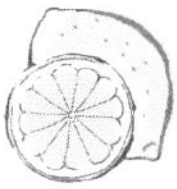

バルサム系
木の樹脂を原料とした、重厚な香り

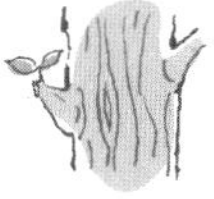

ハーブ系
清涼感のある、すっきりとした香り

芳香液の種類

	パルファン（香水）	オードパルファン	オードトワレ	オーデコロン
香料濃度	15～30%	10～20%	5～10%	1～5%
香りの持続時間	半日～1日	半日～1日	2～5時間	1～2時間
特徴	肌の近くに付け、体温で温まるとともに体全体から香らせる。	香水をやや薄めたもので、香水よりもう少し手軽に使う。	短い時間、ほんのりと香らすためのもの。主に昼用。	無水アルコールの量が多い。リフレッシュのための香り。

アロマクラフトを楽しむ

精油を使って、化粧品などを手作りして楽しむことを「アロマクラフト」という。いくつかの道具をそろえれば気軽に挑戦できるので、楽しみながら日常生活に取り入れてみてほしい。

ここでは、入浴剤、石けん、クリーム、アロマスプレーの基本的な作り方を説明しよう。

必要な道具の例

計量ばかり、ビーカー、メスシリンダー、計量スプーン、ガラスボウル、スプレー容器、ガラス棒、ヘラ、ロート、フィルターなど

●入浴剤

材料……精油三〜五滴、天然塩三〇〜五〇g
道具……ガラスボウル、ガラス棒、計量ばかり

塩に精油を加えてよく混ぜ合わせれば、できあがり。基材となる塩は、乾燥岩塩が最も適している。

精油を直接お湯に入れると混ざり合わないものもある。そのため、何らかの溶けやすい基材（乳化剤）が必要であり、その一番手軽なものが塩である。

●石けん

材料……精油一〇〜一五滴、無添加の石けんの粉一〇〇g、精製水一〇〇mℓ
道具……ビニール袋、計量ばかり、ビーカー

材料をすべてビニール袋に入れたらよく混ぜて、ビニール袋をもむようにしてこねながらまとめる。取り出して好みの形に固め、自然乾燥させる。

●クリーム

材料……精油五～一〇滴、みつろうワックス五g、
キャリアオイル二〇㎖

道具……ガラスボウル、クリーム用容器、ヘラ、
計量ばかり、ビーカー

ガラスボウルにみつろうワックスとキャリアオイルを入れて湯煎し溶かし合わせたら、クリーム用容器に入れて粗熱を取る。そこに精油を入れて、白っぽくなるまでよく混ぜる。

原理は簡単だが、肌に合い、よく浸透するものを作るのは難しい。

●アロマスプレー

材料……精油一〇滴ほど、無水エタノール一〇㎖、
精製水二〇㎖

道具……スプレー容器、ビーカー

スプレー容器に無水エタノールを入れ、そこに精油を加えたら、ふたをしてよく振る。さらに精製水を加え、しっかりと振り混ぜる。

室内や衣服を香らせるために、スプレーを作っておくと応用範囲は広い。基本的には精油を一～三％ぐらいに薄めたもので、オーデコロンの一種でもあるので、出かける前にひと吹きしていくのもよい。

好きな香りの精油だけでなく、抗菌効果のあるものを選んでトイレなどの消臭スプレーにしたり、防虫効果のある精油を使って虫よけスプレーなどを作ったりもできる。

香りの楽しみ方 ―芳香浴・吸入―

エッセンシャルオイル（精油）の香りを嗅《か》ぐことがアロマを楽しむ基本だが、その「香りを嗅ぐ」ことだけでも、いくつもの方法がある。

●瓶からそのまま

精油の瓶のふたを開け、そのまま香りを楽しむ方法。顔は瓶から少し離して、揮発してきた香気を手のひらであおいで鼻に導くのがよい。あまり近くで嗅ぐと香りが強すぎることがあるので気をつけよう。

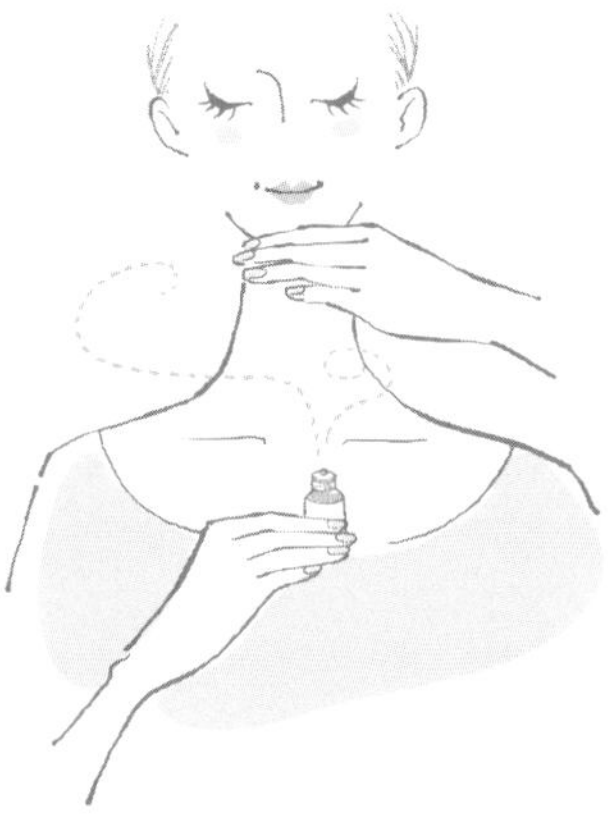

●気軽に香りを

精油を数滴しみ込ませたコットンやティッシュなどを鼻に近づけて香りを吸入する方法。

また、精油をしみ込ませた「ムエット」を写真のような香りのカードに入れ、バッグや財布、名刺入れなどに入れておくのも楽しいだろう。

ムエットとは

香水の香りを試す時によく使われる、短冊状に切られた厚手の紙のこと。紙の先に香水や精油をつけて香りを試す。においのついていない、厚手の紙を自分で切って使ってもよい。

●自然芳香

精油の瓶を毎回開けたり閉めたりするのが面倒な時、精油と蒸散用のアルコールを混ぜた液を入れた瓶に、直接竹などの浸透性のよい棒状のものを差して、机の上などに置く方法。

手軽で、電気などのエネルギーを使わずにできることに加え、インテリアとしても室内の風景に心地よいアクセントをつけてくれる。どの場面でどの香りを使うかは、それぞれの精油の特徴をよく調べて選ぼう。ｙｕｉｃａでもクロモジにハッカや玉露、ニオイコブシにスギやカヤを混ぜたブレンドを出しています。皆さんもまた、自分の好みに応じてブレンドしてみてもいいだろう。

●加熱芳香

火や電気で加熱できるポットの上で、精油と水を共に温めることによって揮発性を高くして香りを楽しむ方法。

熱を加えることによって香りが変わるが、熱源の明かりとあいまって、豊かな気持ちになれる。あまり急激に加熱し、高温にすると香りのよさを損なうこともある。いろいろと試しながら自分にぴったりの加熱の仕方を見つけよう。

●アロマキャンドル

キャンドルの炎と同時に心地よい香りが広がってくるので、香りを楽しむとともに目でも楽しむことができる。

キャンドルの原料はみつろうや大豆の油、時にはハゼの実の油などの自然素材で、質のよいものをお勧めしたい。日本産アロマの香りを損なわない無臭の素材によるキャンドルが理想的だ。ろうや油に混ざった精油が燃えると、むしろ嫌な香りになってしまうので気を付けてほしい。

●アロマディフューザー

精油の香りを室内に拡散させるディフューザーも、いろいろな種類のものが販売されている。

多く販売されているミストタイプのディフューザーは、霧と一緒に香りが広がるもので、特に超音波によるものが人気だ。小型から大型まであり、ミストの量を調節できるものや光や音が出るものなど、いろいろな機能が付いたものも出回っている。しかし、ものによっては内部の器具部品にプラスチックを使っており、精油の成分によって溶けてしまう場合もあるので気をつけよう。

●加湿器

加湿器の蒸散液に精油を加えることによって、香りを楽しむこともできる。

ただし精油の量が多過ぎると、加湿器の機能に障害を生じる場合がある。そのため、加減の難しい精油の代わりに、水分比率の高い「アロマウォーター」を蒸散液に加えて使う方が加湿器に向くといえる。

アロマウォーターとは

アロマウォーターは別名ハイドロゾルともいい、水蒸気蒸留法で精油を抽出する時に同時に出るもの。いわば水溶液に精油が飽和状態になっている蒸留液であり、このアロマウォーターも十分に芳香用として使える。

●アロマスプレー

精製水に精油を少量加えた蒸散液を空間などにスプレーして蒸散させることで、香りを楽しむ方法。

室内の空気の清浄化、抗菌、抗ウイルス対策、気分転換などの目的にも使用できる。香りを厳選して、ルームフレグランスとして楽しんでもよいだろう。アルコールと精油が調合されたものもあり、この方がより揮発性と抗菌、抗ウイルス性が高くなる。

消臭用として

最近ホテルなどで抗菌、抗ウイルス効果を期待して、消毒用アルコールスプレーなどを常備しているが、精油が加わると優雅さが加わる。ヒノキやモミ、サンショウ、クロモジなど抗菌、抗ウイルス性の強い精油を使ったアロマスプレーなら、玄関やトイレなど家の中のにおい消しとして有効に利用できる。

また、クロモジやアスナロはインフルエンザの予防対策として有効だという論文が発表されており、モミは加齢臭対策としても効果がある。

●洗濯の時に

洗濯のすすぎの際に、精油をあらかじめ精製水で希釈したものやアロマウォーターを適度に薄めたものを加えると、洗濯物にほのかな香りが残る。その衣類を身につけて香りを楽しむのもよいだろう。

●掃除の時に

サイクロン式の掃除機で掃除をする前に、精油を数滴落としたティッシュペーパーをちぎって吸い込ませておく。それから掃除をするとそれなりの抗菌、抗ウイルス機能もあり、嫌な排気臭も軽減する。

森林浴気分で消臭・抗菌、抗ウイルスを

芳香のまとめとして、消臭と抗菌、抗ウイルスについて説明しておこう。

体の消臭について

日本人は一般に体臭が弱い人が多い。しかし食生活の変化もあって、最近、徐々に体臭が気になっている人が増えている。また、都市生活において人と人との距離が近くなったことも相まって、体臭のケアは必要不可欠になりつつある。

そして年を経るごとに強くなる加齢臭も本人が気付かないところで他人に不愉快な思いをさせている可能性も大きく、気をつけたいものだ。

精油とアルコールなどを混ぜ合わせたものは、基本的に消臭機能を持つとともに芳香を持つものにもなる。

よく耳にする「オーデコロン」という言葉は、フランス語で水を表す「オー」と、ドイツの「ケルン」を表す「コロン」が合わさったもので、「ケルンの水」という意味だ。ヨハン・マリア・ファリナによって最初に製品化され、現在では、精油が五％以下のものをすべて「オーデコロン」と呼んでいる（七九ページ参照）。精油が五％以下といっても、短時間

の加齢臭対策として、オーデコロンは十分役に立つ。また、モノテルペン炭化水素とモノテルペンアルコールをふんだんに含んでいるものであれば、森林浴の機能と抗菌、抗ウイルスの機能もより高くなる。

室内の消臭について

室内の消臭や芳香は、やはりカーテンなどの布製品を対象にするのがよい。カーテンなどの布につけた方が香りの持続性を高める結果となり、眼に入ったりする危険も少なくなる。ただし、柑橘《かんきつ》系のものは布にシミを作る可能性が高いので気をつけよう。

また、後に詳しく述べるが、介護老人ホームやいろいろな場所の「待合室」などにも、場所に合った消臭を兼ねた芳香の放散は非常に適しているといえる。

トイレなどの消臭について

トイレなど、比較的悪臭に近いにおいが漂う場所には、脱臭用に炭などを置きつつ、その上で抗菌、抗ウイルス機能のあるアロマスプレーを使ってもらうのが最善だと思う。トイレ以外にも、ゴミ箱や下水などの悪臭を抑える場合は、アルコールを少し多めにして消毒機能を加えてもいい。

香りの楽しみ方 ―アロマバス―

入浴時にアロマを使うと、鼻から大脳辺縁系に成分が届くほか、湯気と一緒にのどや肺にも作用する。さらにお湯で体温が上昇して循環もよくなっているので、お湯に溶けた成分は皮膚から吸収され、血液と共に体内を巡る。

●入浴剤の種類

アロマバスに使う入浴剤としては市販の精油がブレンドされた入浴剤を使う方法がもっとも手軽だ。

一番効果的な入浴の仕方は、まず浴槽の半分くらいまで約四〇℃のお湯をため、その上にシャワーで約四五℃のお湯を注ぐ。それから入浴剤を加えると、お風呂の中に湯気が充満し、その湯気の中に精油成分がとどまるので、より効果的に精油の成分を体に取り入れることができる。

また、塩やハチミツ、乳化剤などに精油を数%程度混ぜることによって、「アロマクラフト」（八〇ページ参照）で紹介したようなバスソルトなどの入浴剤が手作りできる。爽やかで肌にハリをつけるには朝のニオイコブシブレンド、免疫を強化しつつリラックスするのは夜のクロモジブレンドなど、入浴で得たい精油の機能を考えて選び、目的に合わせて使うとよいだろう。精油とキャリアオイルと乳化剤を混ぜた入浴剤もある。これを入れたお風呂につかりながら体をマッサージすると浸透力が増すので、これも効果的に精油の機能を実感できるだろう。

また、アロマウォーターはそのまま一〇〇mℓぐらいを浴槽に入れれば入浴剤の役目をする。日本産アロマが広がるにつれ、このアロマウォーターの入浴剤が主流になる可能性もある。

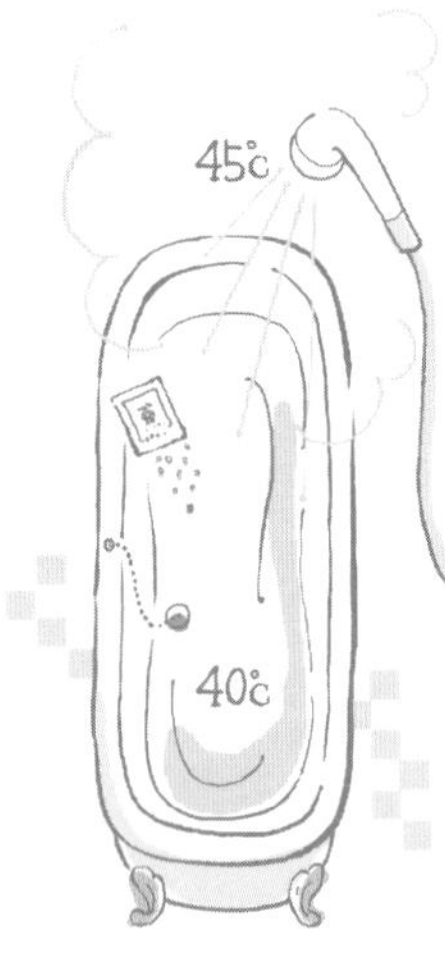

●入浴の方法

全身浴

入浴剤を入れ、肩までゆっくりとお湯につかる。日本人が好むこの入浴スタイルは、アロマを使った入浴にぴったりだ。

疲労回復や肩や首の凝りの緩和、時には皮膚のトラブルがよくなることもある。ヒノキなどの血液循環を促進する成分を持つ精油や入浴剤を使えば、湯冷めがなく、就寝前に入浴すると安眠効果も期待できる。ただ入浴後すぐに布団に入ると、人によっては体が火照り過ぎて汗をかく場合もあるため、ひと休みしてから就寝した方がいい場合もある。

◎精油の原液を使うのは避け、入浴剤を入れたらよくかき混ぜてから入浴し、入浴中も時々かき混ぜるようにする
◎数人が順番に入浴する場合は、入浴剤を追加してもかまわない

部分浴

全身をお湯につけるのではなく、体の特定の部分だけをお湯につける入浴法。部分浴では入浴剤を使う分量が少ないことと、体の特別な箇所の活性化に役立つというメリットがある。

［半身浴］

腰の上ぐらいまでの入浴剤入りのお湯につかる方法。ゆっくりと長い時間お湯に入っていられるので、冷え性の改善や足腰の痛みをやわらげたい時などに、より効果的な入浴方法だといわれている。

長い時間入っていることを考慮して、お湯は少しぬるめの温度にし、逆に浴室内の温度は少し高めにしよう。

本を読んだり、音楽を聴いたりと、バスタイムをゆっくり楽しみたい時にもおすすめの入浴法。

◎上半身が冷えてしまう場合には、肩にタオルをかけたりするなどの工夫をしよう

［ハンドバス（手浴）］

洗面器などに熱めのお湯をはり、そこに入浴剤を適量加えてアロマ湯を作り、手首までを浸す入浴法。

手軽にできる方法だが、手荒れだけでなく、パソコン作業などで手が疲れた時などにもよい方法だ。疲れを癒やすとともに、よい気分転換にもなる。

◎時間は一〇～一五分を目安に
◎スペースに余裕があれば、肘までを浸す「腕浴」もおすすめ

［フットバス（足浴）］

ハンドバスと同様にアロマ湯を作り、くるぶしくらいまでを浸す入浴法。

足だけをアロマ湯につけて効果があるのかな？と思うかもしれないが、予想以上に全身が温まり、疲労回復、リフレッシュにつながる。

洗面器やバケツのほか、保温効果の高いフットバス専用の用具も市販されているので、状況に応じて選ぶのもいいだろう。

◎時間は二〇～三〇分を目安に
◎お湯の温度が下がってきたら、熱いお湯を足すなどして湯温を一定に保つ
◎アロママッサージの前に行うことで、マッサージによい結果が出る
◎フットバスをしながら読書や音楽鑑賞をしても

［座浴］

大きめの洗面器やたらいにぬるめのお湯でアロマ湯を作り、腰・でん部だけをお湯に浸す入浴法。

特に婦人病や腰痛などの改善に役立つ。半身浴と違い、腰だけをアロマ湯につけることによって、腰周辺が集中的に活性化するため、下半身の不調改善につながるとされている。

ヒメコマツなど、ホルモンバランスに関係があるネロリドールを含んだものがおすすめ。

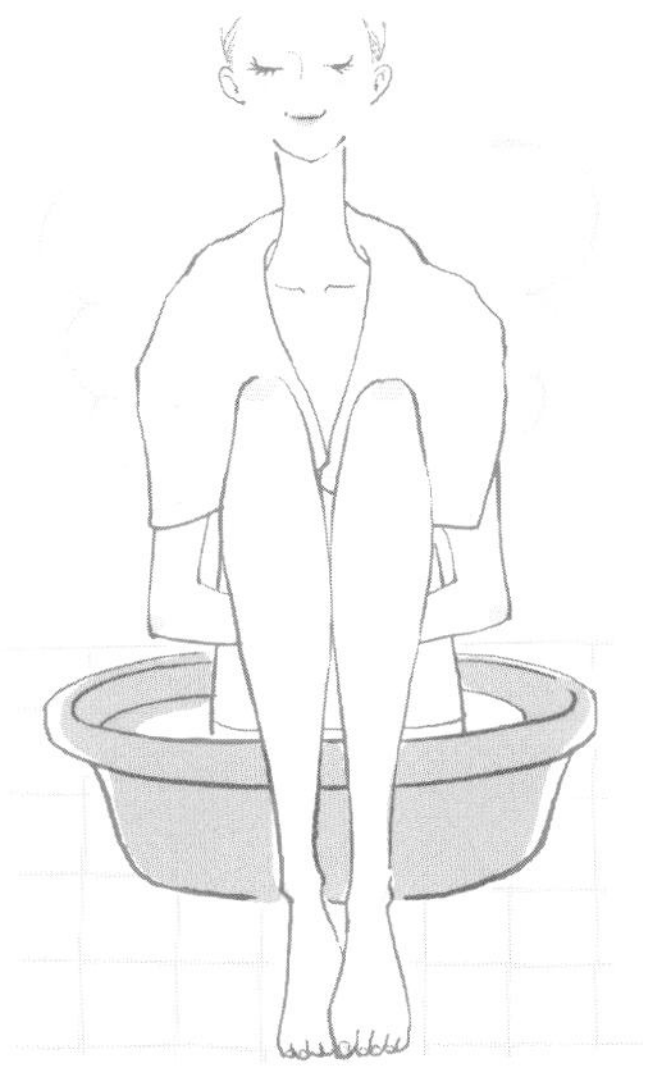

◎時間は五～一〇分を目安に
◎デリケートな部分なので、刺激の少ない精油を用いた入浴剤を使用する

日本人の新しい風呂文化

『森の惑星』の取材で、一年のうち、半年ぐらい海外を旅した年が何年かあったが、その時、湯舟にはつからず、シャワーだけの日々が続いた。湯舟があっても首までつかってタオルを頭に乗せて、という入り方は海外ではまずできない。話には聞いていたが、現実にシャワーだけの日が続くと、どうもいまひとつ風呂に入った気がしない。

一番驚いたのは、スプリング（温泉）だ。「水着を着て入れ！」と言われて実際そうしたが、なんともはや温泉らしくない。日本に帰って間もなく、取材で四国の道後温泉に入ることができた。それこそ一五畳敷ぐらいの御影石の湯舟で、漱石よろしく泳いでみたら、めっぽう気持ちがよくて「てやんでー。水着なんか着て入るのは温泉じゃねー」と一人で毒づいてみた。

日本人の、湯舟にしっかりとつかって、ゆっくりゆったり入る風呂の習慣を大切にしたいものだ。

過日、明治神宮の「花菖蒲」の展覧会に行ってきた。アヤメやカキツバタと共に、紫や白や色とりどりの菖蒲のあで姿を見て、日本の初夏の風物詩を満喫した。それを見ながら、昔、「菖蒲湯」に入った時のことを思い出した。菖蒲の束が湯舟に浮かんでいて、それをかき分けて入る。湯舟に首までつかると菖蒲の香りがほのかににおう。どことなく高貴な香りで「まあぜいたくなことだ」と自然に感謝したくなったものだ。昔、銭湯では「菖蒲湯」のふるまいは欠かせないサービスだった。

「柚子湯」も好きだ。柚子の果皮でジャムなどを作り、その残りを網の袋に入れて湯舟に浮かべる。一番最後に風呂に入って、柚子を半分ぐしゃぐしゃにしながら肌につけると、体中に柚子の香りが染み込み、肌もうーんと美しくなった気がする。

こんな習慣を持っていた日本の風呂の文化を、現代に新しい形で、アロマと共によみがえらせたい。

単に体を洗うのではなく、一日の寝る前の一番大切なイベントとして、その日の悪いことを忘れたり、楽しいことを思い出したりして、心身ともにリフレッシュする。もちろん体調に合わせて変化をつけ、日頃はヒノキだが、免疫のためにクロモジを加えるとか、肌のハリのためにニオイコブシを奮発するとか、いろいろ試してみるのもよいだろう。

正プラスでは、いろいろな精油を混合した入浴剤を販売しているが、実際にクロモジやニオイコブシの入浴剤を風呂で使ってみると、森の中の温泉に入っているようで驚くほど気分爽快だ。

木の風呂いすや木の風呂おけ、そして木の湯かき棒などもそろえ、いろいろ試して、もっと楽しく、もっと新しい「芳香入浴文化」を創造し、世界に発信したいものだ。

第六章

日本産精油を使ったトリートメント

アロママッサージの効果

――キャリアオイルを生かして――

エッセンシャルオイル（精油）の中に含まれている芳香成分は、嗅《か》ぐことによって鼻や肺を経由し、血液に入り込んで体内を巡るが、もう一つの効果的な方法として、皮膚を通して体内に送り込むという「アロママッサージ」がある。

普通の化粧品などは皮膚の表面をカバーする形で使われている。しかし、アロマは水蒸気に溶け込んで抽出されるほど成分が小さいので、表皮の下の真皮の層にまで届く。そして真皮にある毛細血管から体内に入り、体全体を巡るのだ。そこから各成分に応じて、体の各器官に刺激を与えたり、老廃物を排除したりする働きをする。また、適切な精油とキャリアオイルの組合せが選択できると、自律神経のバランスや免疫力のアップ、内分泌の適度な促進、気力充実にも役立つ。

アロママッサージを行う前に

- ●マッサージオイルは、精油をキャリアオイルで〇・五～二％程度に希釈したものを使い、事前にパッチテストを必ず行う（七五ページ参照）
- ●気分や体調がすぐれない時、けがをしている時、また手術後、薬を服用している時、空腹時や食事直後、アルコールを摂取している時などにはマッサージを行わない
- ●マッサージ後は激しい運動や飲酒、刺激の強い飲食物の摂取は控える
- ●マッサージオイルはその時の使用分だけを作り、毎回新しいものを使うのが理想的
- ●目・鼻・口などの粘膜部分に直接マッサージオイルがつかないよう注意する

※なお、アロマセラピー業界では「あん摩マッサージ指圧師、はり師、きゅう師等に関する法律」に抵触しないように、「トリートメント」という言葉が使われているが、ここでは一般の方にもわかりやすいように、「マッサージ」という言葉に統一した。

マッサージの基本テクニック

マッサージの目的は体をほぐし、血行をよくすること。そのため、風呂上がりに行えばより効果的。

●さする（軽擦法《けいさつほう》）
指や手のひらを使い、適度な強さでなでるように肌の上をすべらせる方法。精油の成分を体内にしみ込ませることが目的なので、あまり力をいれる必要はない。

●押す（圧迫法）
指先や手のひらなどで、凝りのある部分やつぼなどを圧迫する方法。三〜七秒、ぐーっと押しながら息を吐き、圧迫を緩める時に息を吸う。これを一定のリズムで数回繰り返す。

●もむ（揉捏法《じゅうねつほう》）
指や手のひらを使って、圧を加えながら筋肉をもみほぐす方法。精油の成分が真皮へ浸透することをイメージしながら行うと、より効果的。

●たたく（叩打法《こうだほう》）
手のひらや手の側面、拳などでリズミカルにたたく方法。たたいて血行をよくすることによって、体内に精油の成分を浸透させ、巡りやすくする。

アロママッサージの質を高めるために

●体が温まっている入浴後に行う
●精油の成分をスムーズに浸透させるため、体は清潔な状態に
●マッサージオイルは手のひらですり合わせるようにして温めてから肌にのせる
●マッサージオイルが肌に浸透して滑りが悪くなったら、適宜オイルを追加する
●室温や湿度、照明など、心地よいと感じる環境の中で行う
●「気持ちいい」と感じる程度の強さで行う

アロママッサージの実践

●頭

神経的な疲れがたまったり、頭を使う作業を集中的に行った後などには、「押す」「もむ」のテクニックを使ってマッサージしよう。

ゆったりしたい時は頭頂あたりにクロモジ系のブレンド、すっきりしたい時にはこめかみあたりにヒノキ系のブレンドがおすすめだ。

●顔

顔のマッサージは美容のためだけではなく、顔の表情を豊かにしたり、気分転換にもなる。

肌のつやをよくしたい場合には、モノテルペンアルコール類が含まれるニオイコブシやクロモジを使ってみてもいいだろう。

●首

首は頭や顔と胴をつなぐ大切な場所で、血管やリンパ節、そして神経が集中している。そのため、特にアロママッサージが効果的な場所だといえる。例えば、頭痛や眼精疲労をやわらげるためには、後頭部の下の頸部マッサージがよいとされている。

気分を落ち着かせ、軽く血行を促進させたいならば、ヒノキやモミのブレンドもよいが、より強い作用を望む場合は、ミズメザクラやサンショウのブレンドがよいだろう。首は強く圧迫し過ぎると逆効果になることもあるため、力加減には注意しながら行ってほしい。

こんな場合にも……

花粉症にはスギのアロマオイルマッサージがよい人もいるといわれている。このほか疲労しているのに頑張らなければいけない時は、サンショウやミズメザクラのブレンドをほんの少しこめかみに。リラックスしたい時はスギやクロモジのブレンドがおすすめ。

●胸・脇

鎖骨《さこつ》の上部はリンパの流れと大いに関係がある。また、胸から脇にかけても血液やリンパの流れを左右する部分だ。首と同じようにヒノキやモミか、より血行やリンパの流れをよくしたい時は、ミズメザクラやサンショウをほんの少しブレンドしたものを使って、軽めだが丁寧にマッサージする。

●肩

肩凝りに悩まされている人は実に多い。デスクワークによる眼精疲労や神経の疲れ、そして各種のストレスは首から肩の「凝り」となって、より一層の疲労感を増す。

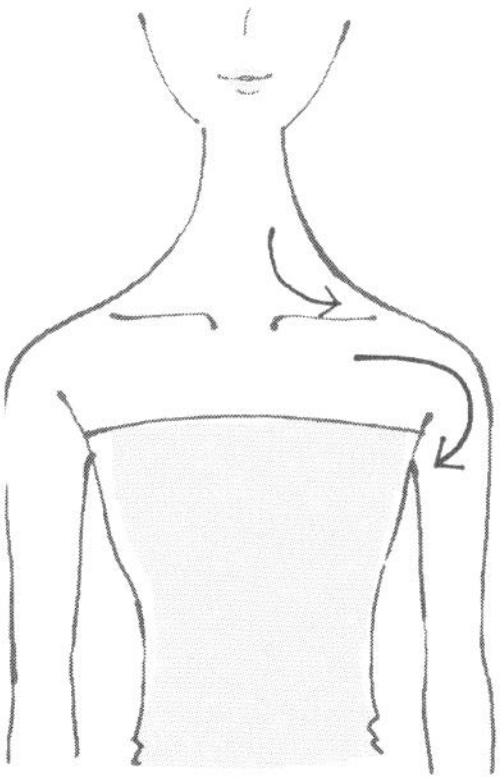

そんな肩凝りを治すためには、適度な運動の継続とともにアロママッサージが欠かせない。基本テクニックの「押す（圧迫法）」を、凝りを感じる両肩の何ヵ所かで繰り返そう。もちろんこれに「もみ（揉捏法）」や「たたき（叩打法）」を交えてもいいだろう。

この時の精油は、ヒノキ、ヒメコマツ、モミなどが適しており、より強い作用を望む時は、サンショウとミズメザクラのブレンドがおすすめだ。特にミズメザクラはサリチル酸メチルを多量に含んでおり、試す価値は十分にある。

●背中

背中の血行が悪くなると、足・腰はもとより、消化器系にもひびいたりする。特に、長時間いすに座りっぱなしの人は注意が必要だ。

背中は、マッサージオイルを塗って、まんべんなくさするのが基本。あまり凝りのひどくない人は、マッサージオイルを塗ってさするだけで十分に筋肉の疲れをやわらげることができる。さらに腰に向けてさすることによって消化器系の働きも助ける。

　精油は肩の場合と同様、症状に合わせて選ぼう。

また、凝りのひどい場合は強い圧迫も加えたマッサージが必要となる。

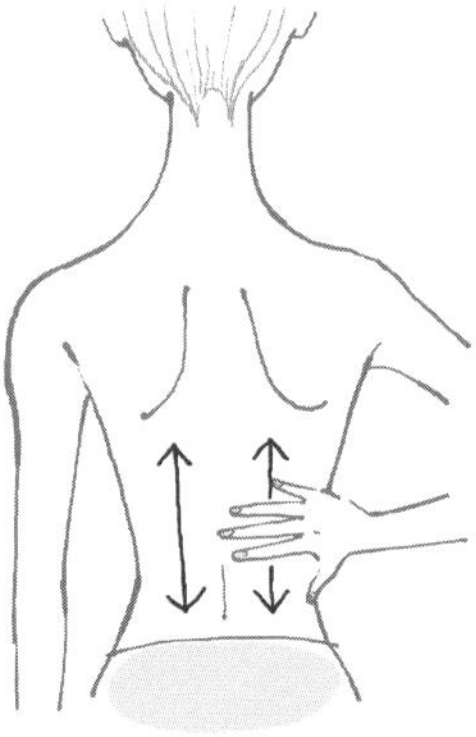

●腰

　腰痛を持つ人は一般に、背骨と骨盤の結合点のあたりに痛みを訴える人が多い。腰痛の原因はさまざまで、アロママッサージをしたからといってすぐに治るものではない。しかし、疲労からくる腰痛に対してはサリチル酸メチルが含まれているミズメザクラの精油を使うことによって、痛みをやわらげる作用が十分に期待できる。

　また、腰に痛みがあるとでん部の筋肉にも痛みが出やすくなるので、そこもあわせてマッサージするとよいだろう。

●お腹

　消化器系の器官を活性化させるためには、お腹のマッサージもよい。お腹は基本的にさするだけで十分。腸の消化を促進するには、時計回りにゆっくりとさするのがよい。お腹の場合は、刺激の強いミズメザクラやサンショウは控え、クロモジやスギ、ヒメコマツなどを使うといいだろう。

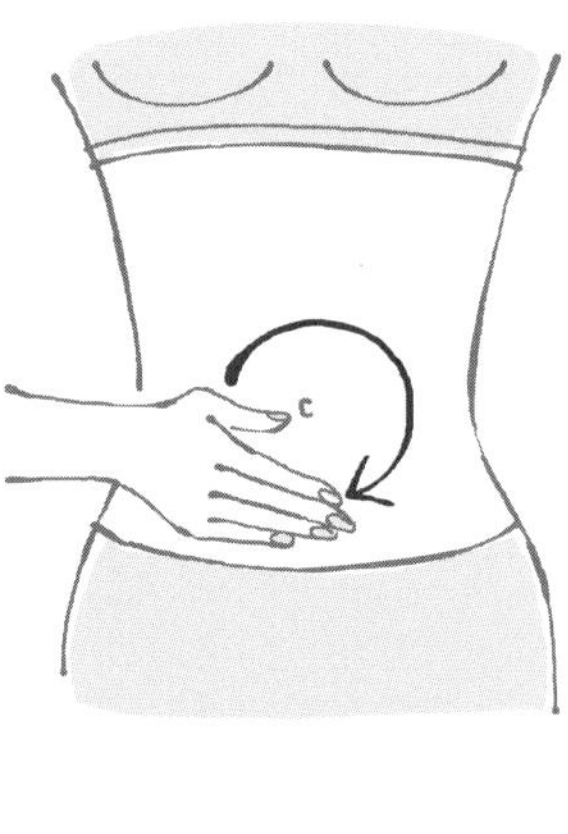

●脚

座ってばかりの仕事は血行が悪くなって脚に疲れがたまり、逆に、立ちっぱなしの仕事では脚がむくんでしまったりする。さらに、冷え性で脚がいつも冷たい人や、腰痛からくる脚のしびれに悩まされる人など、脚に悩みを持つ人も多いだろう。そんな人は日頃から血行促進のマッサージが必要だ。使用する精油は、肩や背中と同様に選んでほしい。

太もも〜膝

まず脚全体にマッサージオイルを塗った後、少し強めにさすることから始め、適度のもみや押し、たたきを組み合わせてマッサージを行うと、むくみをかなり解消することができる。

太ももはもんだ後、脚のつけ根にあるリンパ節（鼠径《そけい》リンパ節）を軽く押すのがよい。さらに、膝裏のリンパ節も丁寧にさすってリンパの流れを促すとともに、精油の成分をよく浸透させよう。

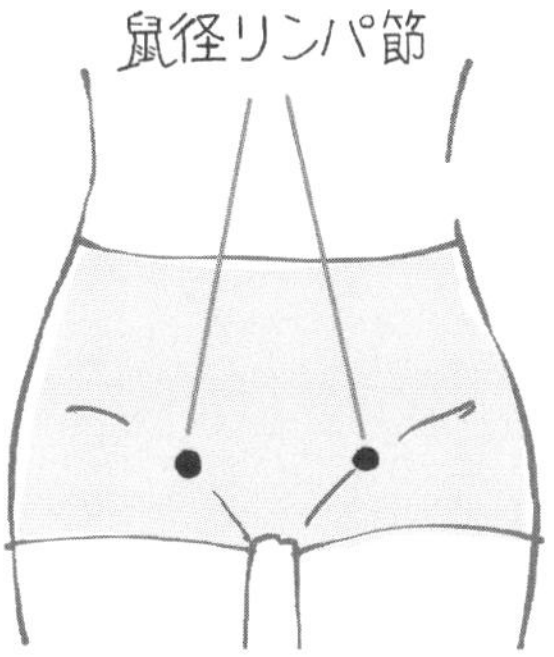

ふくらはぎ

ふくらはぎを軽くもんだ後、膝裏に向かってさすりあげる。ふくらはぎは疲れると硬くなることが多く、ふくらはぎを柔らかくするだけで健康につながるという人もいるくらいの場所だ。ここをゆっくりともみほぐすと脚も引き締まり、循環もよくなる。

また、膝の下、向こうずねの外側に「足三里《あしさんり》」と呼ばれるつぼがあり、ここを押すと、脚の疲れやむくみを減少させるだけでなく消化器の活性化にもつながる。

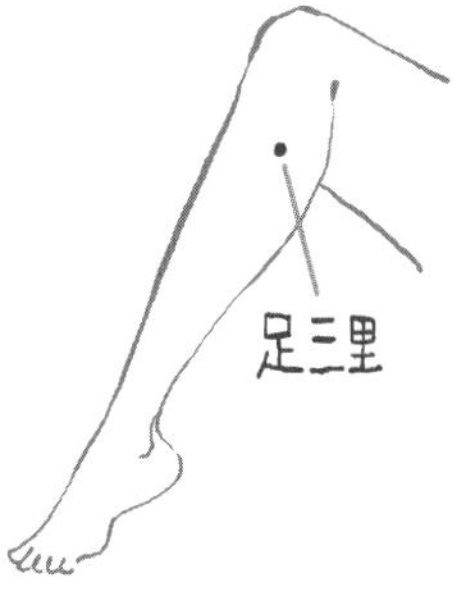

足首~足裏

ふくらはぎからの流れで足首をもんだら、かかとを少し強めにたたいて足裏の血流を促す。足の裏は体全体とつながっていて、足裏を刺激することによって体全体のバランスを整えることができるとされている。そのため、できれば軽石などで厚くなった角質層を事前に落としておき（もちろん傷つけるほど落としてはいけない）、マッサージオイルを浸透しやすくした上で、ヒノキ、モミ、ミズメザクラ、サンショウなどを使って、圧迫法を中心にして刺激するとよい。

最後に足の甲を優しくなでて血液やリンパの流れをよくし、足の指を一本一本よくもんで指の間のリンパの流れを促し、それぞれの指先を引っ張り、仕上げる。

身体の末端を「森のアロマ」で刺激すると意外に全身に行き渡り、特に末端冷え性の人には効果的だ。

二人でマッサージ

一人でやるマッサージももちろんよいが、やはり一人では手が届かない所や力を入れにくい方向があったりする。そんな時、信頼できるパートナーがあなたのために一生懸命マッサージをしてくれたなら、それはとてもうれしいことだろう。

そもそも、アロママッサージは心身共にリラックスしつつ、心と体を根底から再生し、活性化するために行うものだ。また、精油という「生き物」の力を借りて元気になろうとするわけで、そういった場面を信頼できるパートナーとよい香りに包まれながら共有するということになれば、それはまさに至福の時間だといえるだろう。

●ハンドマッサージ

①マッサージを行う人が、自分の手のひらにマッサージオイルをたっぷりとなじませて、相手の手の甲と手のひらに移す。

②手の甲から手首に向けてさすったら、手首の骨の両側を親指でオイルを浸透させながらもむ。

③手の甲の指の間をリンパの流れをよくするように軽くもみつつ、さすり、オイルを浸透させる。

④指の一本一本を親指で円を描くようにもむ。

⑤指の爪の両側を少し強く押して（薬指だけは除いて）、指先を引っ張って刺激する。

④
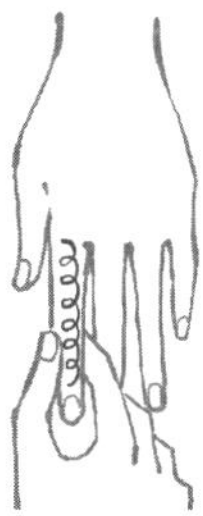

⑤
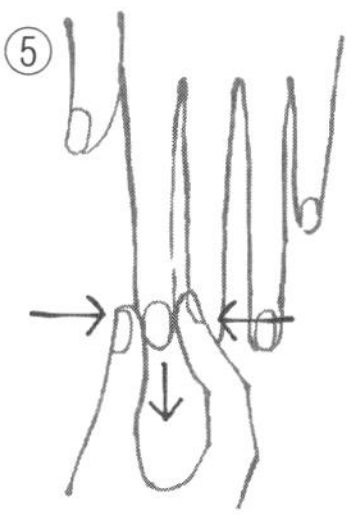

⑥オイルを追加して手のひら側になじませたら、そのまま手首をさすって血行を促進する。

⑦手のひらはなるべく開き、親指のつけ根やたなごころを少し強めに押す。このことにより消化器によい刺激を与えることもできる。

⑧手のひらを上にして五本の指をそれぞれ円を描くようにもみ、最後に指先を引っ張る。

肩～腕のマッサージ

ハンドマッサージに加えて、肩から腕にかけてのマッサージを行うと体全体の循環がよくなる。

①マッサージオイルを手首から肘、二の腕までまんべんなく塗る。

②手首から肘の内側に向けて、押したりさすったりしながらオイルを浸透させる。特に、リンパの流れが滞りがちな肘の内側は丁寧に。

③血行が滞りがちな肘から肩にかけてもよくさすり、オイルを浸透させる。

④リンパの滞りやすい腕のつけ根も軽くもみほぐしながらさすり、リンパの流れを促す。

脇から肩にかけては、一度肩を回すなどして血行をよくした上でオイルを浸透させた方がよりよいといわれている

⑤鎖骨の上部を軽くさすって、リンパの流れを促し、首にかけての流れをよくする。

●首～背中

マッサージにおいて大切な場所である後頭部や首の後ろ、肩、背中は、残念ながら自分一人では手が届きにくい所ばかり。これらの場所こそパートナーにしっかりほぐしてもらおう。

①頭脳労働や視力を使う仕事をした後に一番疲れがたまるとされる「天柱《てんちゅう》」に、リラクシング系のブレンドか、疲れがひどい時にはミズメザクラを使ったマッサージオイルを塗ってしっかりと浸透させる。

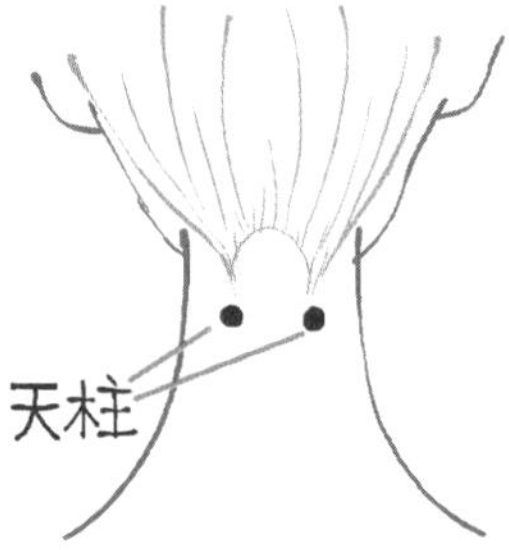

②うつぶせになったパートナーの首から肩にかけてオイルをたっぷり塗る。首の下から肩にかけての筋をさすり、凝りがひどい時には少し強めに押す。

③続けて肩の筋肉と筋をさする。一般にここが一番凝りが激しいのだが、力を入れ過ぎるともみ返しが来るので、力を入れる場合は徐々に。また、常に左右のバランスを取ることも忘れずに。

④オイルを追加して背中全体にまんべんなく塗り、背骨に沿って腰の方から首の方に向けてさすり上げたら、次に肩から脇腹にむけて円を描くようにさする。

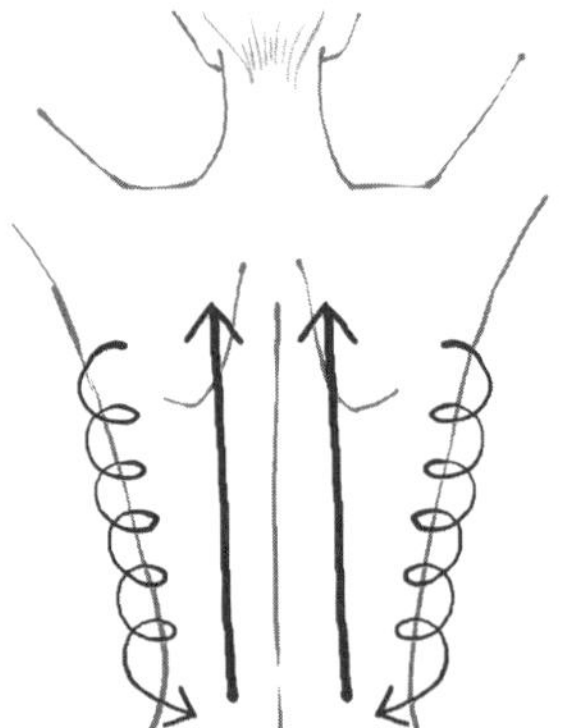

⑤背骨の両側を押したりさすったりしながら、オイルを浸透させる。続けて肩もよくもむ。

⑥疲れがたまりやすい肩甲骨の周囲もしっかりと押し、特に背骨と肩甲骨の間は十分時間をかける。

⑦最後に、体全体の血行をよくするイメージで再度背骨の周囲を大きくさする。

第七章
日本産アロマの現状と未来

❶新しく知られてきた植物の力
～香りは樹木のコミュニケーションツール～

私の場合、最初のエッセンシャルオイル（精油）の抽出が、「モミ」や「ヒノキ」だった。そうしたら、「モミ」も「ヒノキ」も予想したより多くのオイルが抽出できた。それは、とても小さなガラス細工の抽出容器で、

「なーんだ。こんなに簡単なものか！　昔、ロケットに載せた宇宙線のギャラクシーレイ・ディテクター（銀河宇宙線の検出器）に比べたらまるでおもちゃみたいだ。『日本産アロマ』なんて楽勝、楽勝！！」

と、喜んで大いにヤル気になった。

最初に「モミ」や「ヒノキ」を選んだ偶然は、私のモチベーションを上げる意味では非常に役に立った。しかし、その偶然の成功は、私を奈落の底へ突き落とす直前の、束の間の喜びでしかなかった。

「次はサクラだな。それにウメやモモも、それから香るといえばモクレンだ。いや、モクレン科の『ホオ』だって花があんなに香るんだからホオを次にやろう」

ホオの木は、清見村（当時）の「村の木」で、この村にはあちこちにあり、枝や幹も比較的に簡単に手に入れられる。また、その葉は日本で一番大きくて、飛騨では「朴葉寿司」などに使われ、ほのかに香って殺菌力もある。それならと、精油を抽出しようとしたが、どうしたことか、それこそ「うんとも、すんとも」言わない。無言のまま、精油はまったく出てこない。サクラやウメやモモも駄目だった。

この体験から樹木（植物）は何故に香りを出すの

か？　その出した香りは樹木にとってどのような役目をしているのか？　また出している香りは他の樹木や昆虫に何かを伝えているのか？　また、人間にとってよい香りと感ずるのはどうしてなのか？　などなどと限りなく疑問がわいてきた。

人間は今まで勝手に「樹木（植物）は意識がないし、目も耳も鼻も口もないので、ただじーっと立って光合成で大きくなっているだけ」と思い込み、彼らが生きる中で行なっているコミュニケーション能力や助け合いと競争などについて無頓着だった。

しかし、前述したキューガーデンのプランス博士の言うように、アロマは樹木の長生きと大いに関係があり、近年、ますますその研究が進み、樹木（植物）はアロマ（精油成分）をコミュニケーションツールとして巧みに使い、お互いに危機を知らせたり、昆虫を呼び寄せたりしていることが証明されてきた。

そのような事実を念頭に入れて、今一度、樹木が出す香りやその成分を見直すと、それぞれの樹木がお互いや他の生物とのコミュニケーション手段として使っていることが浮かび上がってくる。

例えば、春先に雪が残る山の中腹で花を咲かせるニオイコブシは、雪と見まがうような白い花でありながら、その魅力に満ちた香り（1,8-シネオールやゲラニアール）で麓から昆虫を呼び寄せる。また、ヒノキの大木の林床で小さな体で一〇〇年以上も自分の出番を待ち続けるアスナロ（別名ヒバ）は、常に自分の身の周りに居つく細菌から身を守るために強力な抗菌力を持つ香り（ツヨプセン）を身につけた。

常温での香りは必ずしも水蒸気蒸留法で精油として定着できるわけではないが、ニオイコブシやアスナロはしっかりと精油として私たちの手もとまで届く性質をもつ。まだまだ解らないことも多く研究の余地は残るが、アロマセラピストと名乗る人は、この樹木（植物）が届けてくれる精油の原理に結びつく、彼らの生態をもっと学ぶべきだろう。

❷ 植物を信じ原点に帰る
～森がアロマが生み出す三つの原点～

一．葉っぱは緑色で、植物は人間を含めた動物に役立つ基本姿勢がある。
二．木は動かないのに、元気で、人間より長生きだ。
三．森の中を歩く（すなわち森林浴をする）と誰でも、気持ちよく感じる。

一については、太陽光の中で一番多い光は緑色で、それを吸収すると植物はより楽にエネルギーを得られるのに、その一番多い緑色を反射して、動物をはじめ人間にもエネルギーを分け与えている。この光合成における植物独特の姿勢（哲学）はきっと光だけでなく、香り＝精油の世界でも貫かれているはずだ。

二については、絶対に木は、自分自身で身を守る力を秘めている。そしてそれは多分アロマ（精油）で、「その精油を分け与えてもらえばよいのだ」という確信は揺るがなかった。

三については、森林浴効果をもたらす「フィトンチッド」の話が、生気象学者の神山恵三さんらによって随分前から話題になっていて、多くの人がフィトンチッドの正体は、木々の枝葉や幹に潜むアロマ（精油成分）であろうと予測している。

これらのことがあり、私は信念を揺るがすことなく研究を続けられたが、反省する点も多々あった。失敗は失敗として素直に認め、失敗の原因を探り、別の視点から考え直し、なにしろ樹木を信じて研究し続けた。そして結論は次のようなことだった。

「花がよく香る木は必ずしも、枝葉や幹からよい香りの精油が採れるわけではない」

「香りが抽出できない時は、何か別の仮説を立てるべきで、例えば過去の伝統を踏まえて、枝や葉が香りそうな樹種の選定をしなおす」

このように考えて、日本の伝統文化の中で「樹木と香りの関係」「木と健康の関係」「木と食材の関係」などを再度、調べ直してみた。

すると、「茶道とクロモジ」「神社とヒノキ」「土台とアスナロ」「酒樽とスギ」「棺とモミ」「盆栽とヒメコマツ」「噛む柴とニオイコブシ」それから「調味料のサンショウ」「杣人《そまびと》の肩に貼ったミズメザクラ」そして、「昔から日本人の肌を労わってきた米ぬか」などの関係が見えてきて、それらの抽出に向かった。すると、これが、それこそ「打てば響く」とはこのことか！と思うほどに、あれ程沈黙していた木々が、今度は「喋り過ぎだよ」と言いたくなるくらいに饒舌に語りかけてきたのだ。

❸ 良い兆しを胸に秘め忍耐
～協力者とひたすら研究開発～

自分が「絶対これはいける」という確信を持っていても、かなりの場合、他人は冷たい反応を示す。このことは、私が原子物理をやめて楢《なら》（オーク）の加工と育林の世界に入ってオークヴィレッジを出発させた時（一九七〇年代前半）に体験済みだった。

なかなか本格的に評価されない中で、プラス思考で献身的に労力を惜しまず働いてくれた人たちがいた。新しい事業の立ち上げにはつきものだが、正直なところお金が足りない。国や県からの支援はあったが、事業の根幹は「日本産アロマ」にかかわる人々が頑張ることである。二〇〇五年から本格的に乗り出したが、二〇〇九年の九月までは研究開発支援の規約に則り、販売を正式に行うことができなかったので苦しい時期が続いた。この苦しい五年間を支えてくれた人々がいたからこそ「日本産アロマ」は、日の目を見ることができた。

そして、抽出に成功して間もなく、経済産業省の「地域資源活用型研究委託事業」に認定され、その後すぐに「農商工等連携対策支援事業」や「農商工ファンド事業」にも認定された。このことにより、プロジェクトは研究が深化するとともに、製品開発も本格化し、より多くの人が加わってくれるようになった。この頃の支援者は、巻末に列挙しようと思う。そして、今や多くのアロマ関係者や森林関係者が期待を寄せている。

❹ アロマ効果の理論的予測
～量子力学、化学と人間～

アロマが人間の心身にどのような効果・効能を示すのかは完全に解明されていない。なぜなら人間という極めて複雑で何十兆もの細胞で構成された生物に、同じ生物で今までの予想以上に複雑な植物からのエッセンシャルオイル（精油）が有機的分子（原子の集合）として複雑な電子信号を発信しそれがどのような動きで心身にどう働いているかを論理的に予測（量子力学を踏まえた）した上で、実験し、測定し、実証するのは相当な困難をともなう。

しかしながら現代の医療機器の進歩は目覚ましく、fMRIやPETや自律神経測定器は日々進化しており、ある程度の解明は進みそうだ。その辺の事情は『yuica日本産精油総合講座』のスペシャリストの合宿に譲るとして、ここでは近い将来、優秀な研究者が出れば「アロマの効果の予測はより確かなものになりそうだ」、と述べるに留めよう。

❺ アロマウォーターの秘密
～未来を開くハイドロゾル～

エッセンシャルオイル（精油）は、採取した原材料の千分の一ぐらいしか抽出できず、数kgから数g（数mℓ）しか製品化できない。ところが、水蒸気蒸留法で抽出を行なった時、抽出される精油と共にアロマウォーターが採集できる。それは、時として精油の一〇〇倍も出てくる。もちろん、抽出の温度や圧力、そして何より抽出時間により、アロマウォーターの採集量は違っていて、一概には言えない。

私たちの抽出の現場に、井上重治さん（故人）が訪ねてこられ二日間にわたって、日本産アロマとアロマウォーターに関して、いろいろ教授していただいた。井上さんは帝京大学医真菌研究センターに在籍されていたが、日本のアロマウォーターの研究者として誰もが認める第一人者といえる人だった。アロマウォーターの中には精油成分が溶け込んでおり、その濃度が精油に比べると薄くて、人間が肌につけたり、時には飲用にしてもよいので、その用途は広いのだが、残念ながら日本では実際に抽出される現場が少ないため、アロマウォーターの利用はいま一歩進んでいない。井上先生にいろいろ教わり、別名ハイドロゾルと呼ばれるアロマウォーターの可能性が大いに広がった。なにしろ精油と違って人に優しいため、化粧品としても、サプリメントとしても非常に使いやすい。私も予想はしていたが、その予想以上に具体的な用途が見えて、大いに触発された。

井上重治氏

　アロマウォーターの成分分析が進み、成分が完全に判明し、アロマウォーターの採集の温度や圧力などの方法を確立しつつ、同時にいろいろな使い方の検証を繰り返すことにより、今後ますます、その利用法が広がると思う。

6 健康、アロマ、医療の関係
～現状を踏まえた客観的立場～

　前述のように、アロマセラピーは医療ではない。インフルエンザにしろ、消化器系の病気にしろ、そしてがんにしても、病気が悪化してしまってから、その病気を治そうと思って精油の香りを嗅《か》いだり、アロママッサージをしたりしても、ほとんどの場合、効果はない。病気になってからの対処は、西洋医学の方が数えきれないくらいの臨床例を基に研究や実践を繰り返した後に、それぞれの病気に対する治療法を確立している。

　私の父は医者で、また、友人や親戚にも多くの医療関係者、薬学関係者の人がいたので、医療の実態をそれなりによく知り、その涙ぐましい努力の結果、多くの病気が克服されて命拾いをしたという人も知っている。しかし、私の父をはじめ多くの医者が晩年になって異口同音に口にすることは、西洋医学の限界である。

「西洋医学は、あくまでも病気になってしまった人の対症療法であり、ほとんどの場合その病気の根源や原因を治すことはできない。できれば、病気にならないよう、心と体を健康に保つための生活文化のあり方を、皆が心掛けた方がよい」

と父は言っていた。ここでアロマ（精油）と医療のはざまの問題を整理してみよう。原始時代はシャーマンと呼ばれる祈祷師が医者を兼ねていた例が多い。その後、徐々に客観性を求めるようになると、植物を煎じて飲ませるような医療が発達し、その経験則が重んじられるようになってきた。欧米からの「アロマセラピー」も基本的に経験則に基づいている。

近代医療の薬事は、経験則から導かれる効能植物の成分分析をして、その有効成分を石油化学を駆使して合成することに成功した。そしてアロマの世界でも成分を明示し、成分から効果を予測する努力も行なわれており、私も『日本産精油総合講座』でそれに言及している。ここでは詳細は略すが、一般の西洋医療では不純物が入っていると予測が不確定になりやすいのと、日本では薬事法があり、アロマ（精油）のほとんどは医薬品として認められていない。

そして実際に、生活習慣の中にアロマセラピーを上手に取り入れると、何がどう効いたのか定かではないが、花粉症が治ったり、アトピーの症状が改善したり、気力と体力が充実してきた、という例はよく見られる。

アロマセラピーを長年研究してこられた人は、これまた異口同音に「成分の中でほんの少ししかないものでも、精油の香りや効能を大きく変えることがよくあるし、成分バランスが崩れると香りも効能も半減したりする」と言っている。

アロマは生き物の精油を使って、生き物の中でも最も複雑な人間を治癒するために使用するのだから、いかにその組み立て方が難しいか予想がつくだろう。

一時期、人間を機械に見立てて、「人間機械論」なるものを近代合理主義のある種の人々は強く主張したが、幸か不幸か人間は壊れた歯車を一つ変えれば何の問題もなく元のように動くなどという単純なものではない。一つ歯車が壊れた瞬間に、連鎖反応的に他の部分も悪くなり、時に精神的ダメージに結びつく事もよくある。

現代人は特に精神的ストレスから病気になるケースも多くなっている。アロマセラピーは、非常に使い方が難しいが、上手にその人の心身のバランスを良くする回路に寄与することが可能である。なんといっても、一番よいのは自分自身の心身バランスをよくするために、アロマセラピーをどう自分自身の生活に絡めればよいかを見つけることだ。また、自分で見つからなくても、パートナーや医学的見地を持ちつつアロマセラピーを理解する専門家に相談して、精油という生き物である植物からのエッセンスと人間という生き物がシンクロする数少ない回路を見つけることが、最も大切だ。その大切なところを身につける意味でアロマスクールがあり、複雑な工程を理解できるようプログラムが組まれている。

⑦ 自律神経系・免疫系と森林浴
～心と体と森をつなぐアロマ～

人間の精神的バランスを整えている自律神経系と免疫系の関係がわかってきた。

自律神経とは「交感神経」と「副交感神経」の二種類のことで、交感神経はより活発な活動を促し、どちらかといえば興奮時の心身の状態をつくる。副交感神経は体にゆっくり休むように働きかけ、どちらかといえばリラックス時の状態をつくる。

人間はアドレナリンにより刺激を受け興奮状態になり、アセチルコリンにより脈拍を遅くし唾液の産生を促すのはご存じの方も多いだろう。また副腎髄質からはアドレナリンが分泌され、副交感神経の末端からはアセチルコリンが分泌されている。

ところが、そのアドレナリンの受容体が、白血球の中の顆粒球の膜上にあることが一九七三年イグナロL.J.等により発見され、一九九七年には安保徹氏（故人・元新潟大学大学院教授）等の研究により、白血球の中のリンパ球膜上にアセチルコリンの受容体の存在が明らかになった。このことにより、免疫の主役である白血球も自律神経によりコントロールされていることが証明された。そして安保氏と福田稔氏（新潟県・元福田医院院長・故人）は「心と体をつなぐ免疫学」を提唱している。両氏の一連の著作から、自律神経系と免疫系の関係を要約してみよう。

　そもそも免疫系は、血液の中の白血球の働きによっている。白血球には主に「顆粒球」「リンパ球」「マクロファージ」があり、マクロファージは五％ぐらいしかなく、一種の司令塔だ。顆粒球は約六〇％位あり、悪い細菌が入ってくるとどんどん食べる、どちらかといえば戦闘型タイプで、細菌を食べた後顆粒球は死んでしまい、それが膿として排出される。そして、死んだ後に体の中に活性酸素を発生させ、結果的に病気になりやすい体質になる。すなわち免疫力が落ちる。リンパ球の方は、三五％ぐらいで小型の細菌やウイルスに対して、それらへの抗体をつくり病原体の抗原をやっつける（例えば、風邪ウイルスの抗体を作る時、首のつけ根のリンパ節が腫れる）。白血球中の顆粒球とリンパ球の比率は一定ではなく、時と場合により変化する。一般に病気にならない予防態勢がしっかりしている時はリンパ球比率三五％前後、顆粒球比率六〇％前後の標準的なバランスで、免疫力が保たれているということになる。

　そして、この免疫系が自律神経系と前述のようにしっかり結びついていることがわかった。交感神経が優位である時は顆粒球が増えており、呼吸や心拍が速くなり血圧が上がる。そして、胃や腸などの血行が悪くなり消化が抑制され体温は下がる。いわば、すぐにも戦う戦闘態勢になっているわけだ。これが長く続くと体内の組織破壊から潰瘍やがんになったりする。

　他方、副交感神経が優位である時は、リンパ球の比率が高くなり、呼吸や心拍がゆっくりとし、血圧が下がる。そして、血流がよくなり消化が促進され体温が上がる。言ってみれば、リラックスして休めているので病気の予防に十分なっている。しかし、これが行き過ぎるとアレルギー反応が起こりやすくなる。時にはうつ状態に陥る。

結局、つながっている自律神経系と免疫系のバランスをよい状態に保つことが健康の大切な要因だということが解ってきたわけだ。では、どうすればよいバランスを保てるのだろう。

その答えを、森林浴やアロマとの関係で科学的に示した貴重な論文がある。六二ページで紹介した本間請子さんが二〇〇五年に『アロマリサーチ No.21』に発表した「森林浴が人の心身に及ぼす効果 ～その医学的立証～」で、そこには次のような報告がある。

紙面の関係であえて端的にまとめると、森林浴の前と後で、白血球の中の顆粒球とリンパ球の比率の変化を測定した。参加した人たちは森林浴前の血液検査で次の二群に分けられた。

●リンパ球が少なめ（すなわち顆粒球が多め）のどちらかといえば興奮状態に近い人たちをA群

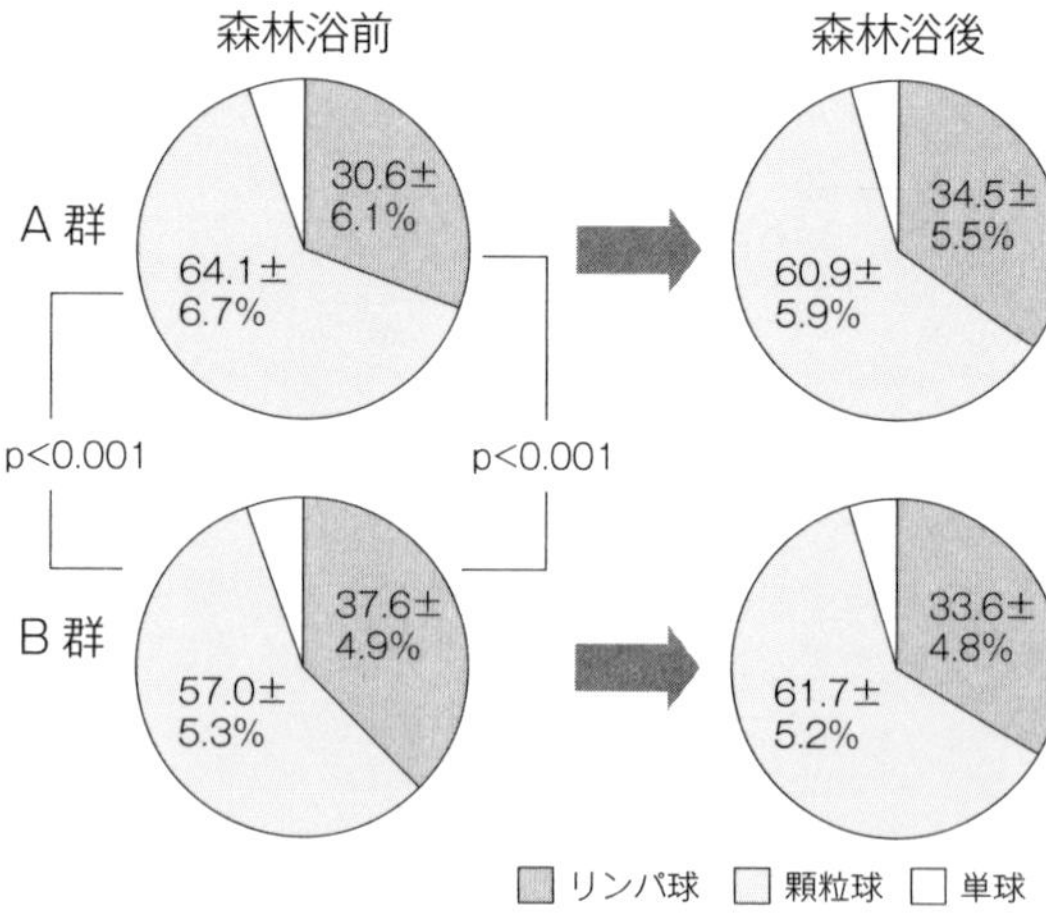

森林浴前後におけるA・B群のリンパ球と顆粒球の比率の変動

※上図は『アロマリサーチ No.21』（Vol.6/No.1　2005）本間請子氏の論文より引用。

●リンパ球が多め（すなわち顆粒球が少なめ）のどちらかといえば落ち着き過ぎの人たちをB群

この報告が物語っているのは、もともとは顆粒球が増加して、どちらかというと興奮状態にある交感神経優位の人（A群）が、森林浴をすることにより顆粒球が減少し、リンパ球が増えて、リラックスし始めたことを証明している。

また、同時にもともとはリンパ球が通常より多めで若干落ち着き過ぎの人（B群）が森林浴の後にリンパ球が減り、顆粒球が増え適度の興奮を感じ始めたことを明らかにしている。

要するにA群、B群どちらも、

「森林浴により自律神経のバランスがよくなった」

といえる。

さらに神山恵三氏、谷田貝光克氏、宮崎良文氏、山田貞夫氏、吉田倫幸氏らの過去の論文を元に、森林浴中に、α-ピネンなどの森林からのアロマ成分が、被験者の自律神経のバランスをよくしていったのだと結論している。また、この実験には安保徹教授とC・W・ニコル氏が協力している。

本間さんの報告により、「日本の森のアロマ」が自律神経系がよりよいバランスをとることと免疫力を保つことの両方に有効であろうという間接的証明がなされたといえる。そして、今後より多くの医学的臨床事例を重ねることができれば、「日本産アロマ」のより直接的な効果が実証されるだろう。

8 嗅覚と味覚が世界を変える
～プルースト効果の先へ～

「……それもなるほど自然の匂いであり、近くの田園の匂いのように、その時々の色を帯びたものだが、しかしもうすっかり家の中に閉じこもって、人間臭さがしみつき、むっとこもった匂いになっている。いわば果樹園をはなれて戸棚にしまわれるその年のすべての果物のゼリー、上手においしく作られた透明なゼリーと化した匂いである……村の大時計のように悠々として几帳面な、怠け者のようで堅実な、無頓着でいて用心のいい匂い……教文的な日常も詩《ポエジー》の巨大な貯水槽になるような匂いだ」

これは二〇世紀初頭に書かれた、マルセル・プルーストの『失われた時を求めて』（集英社文庫　鈴木道彦訳）の一節だ。プルーストは、『ユリシーズ』

を書いたジェイムズ・ジョイスと並び、二〇世紀文学に世界的な規模で深い影響を与えた作家だ。私が引用した一節を読んだだけでも、プルーストがいかに「匂い」に深い関心を持っていたかが十分に窺えると思う。

「……陰気に過ごしたその一日と、明日もまた悲しい一日であろうという予想に気を滅入らせながら……ひと切れのマドレーヌごと、ひと匙の紅茶をすくって口に持っていった。ところが、……自分の内部では異常なことが進行しつつあるのに気付いてびっくりした。素晴らしい快感、孤立した原因不明の快感が、私の内に入り込んでいたのだ。おかげでたちまち私には人生で起こるさまざまな苦難などどうでも良く、その厄災は無害なもので、人生の短さも錯覚だと思われるようになった」（前出同書）

このような、マドレーヌと紅茶の香りと味の体験から、プルーストは『失われた時を求めて』という大作を書き、それが、歴史的金字塔となった。

この文学の大発見は単に文学的な意味だけでなく、人間の意識と無意識をどう繋いでどう理解するかという心理学はもちろん、最近の脳科学にまでも波及する勢いで、嗅覚と味覚が記憶に与える影響を『プルースト効果』と呼び、多くの人が研究している（例えば、ブラウン大学のレイチェル・ハーツ博士やロンドン大学のジェイ・ゴットフリート博士など）。

また、近年出版されたアロマ関係の本にもよく書かれているように、視覚や聴覚の信号は脳の中の「大脳新皮質」に届くが、香りは鼻の中（鼻腔）の粘膜にある嗅細胞の嗅覚受容体で電気信号に変わり「大脳辺縁系」に届く。前述のようにそのこともあって、「香り」は一般に言葉にしづらく、記憶の仕方が特殊である。しかし、『プルースト効果』にみられるように、「香り」は無意識を刺激し、人間の深層心理と結び付き、深い記憶を呼び覚まし、人間の心身のバランスに相当大きな影響を及ぼす。

「プルースト効果」に関してはまだまだ本格的な研究が始まったばかりといってもよいが、大いに広がりと深まりが期待できるジャンルであることは確かだ。私は「香りの文学」や「香りの科学」ばかりではなく、「香りの工芸」にもトライアルしてみたいと思っている。

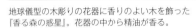

　また、味覚に関しても、二章の「スギ」のところで紹介した成澤由浩さんと「森」をテーマに新しい試みをしている。例えば、「ニオイコブシ」は別名「タムシバ」と言い、「樹木図鑑」などでも「タムシバ」と表記されていることが多い。この名前は「噛む柴」から来ている。「柴」とは「おじいさんは山に柴刈りに……」の「柴」で、あまり大きくない雑木のことをいう。その、「カムシバ」がなまって「タムシバ」になった。以前、成澤さんが飛騨に来た時、春になったばかりでタムシバは新芽を出し始めており、その葉は緑色ではなく、鮮やかなオレンジ色で、柔らかくフニャとしていたが、それを口にして驚いた。「甘くておいしい！」「ジューシーでさわやか！」

　成澤さんも私も、北川さんも、皆で眼を丸くして驚いた。森にはまだまだ、私たちが発見すべき味覚の宝もたくさん隠されている。

地球儀型の木彫りの花器に香りのよい木を飾った『香る森の惑星』。花器の中から精油が香る。

9 介護老人ホームと日本産アロマ
～美しく香る喜びの空間を～

「香りが古い記憶を呼び覚ます」ということがわかってきたので、その応用がいろいろ試みられているが、「介護老人ホーム」での利用は国家レベルで取り組むべきであろうと思う。なぜなら、「団塊の世代」（一九四七年～一九四九年に出生した世代）は、約八〇〇万人といわれ、その前後を加えるとゆうに一千万人を超えてしまう。その人々は、年齢の割には元気といわれているが、二〇一二年頃から、どんどんと介護の対象になり始めている。

私は母親のこともあり介護の現場を何度か訪れたが、なかなか大変で多くの問題を抱えている。ここでその問題のすべてを議論する余裕はないが、介護の現場で一番困っているのは、「認知症」とそれに伴う「徘徊」だという。アロマセラピーは認知症の症状が出てしまってからでは有効ではないが、老化による記憶の消滅を遅くする可能性がある。前述の「プルースト効果」からさらに発展的に研究しようという試みは多くの人が行っており『アロマリサーチ』や『月刊総合ケア』『月刊 薬事』『精神治療学』それに全国林業改良普及協会の雑誌などに、その報告が掲載されていて、とてもここでは紹介しきれないが、おおむね森林の香りが記憶の衰退を防ぐ可能性があり、音楽などと併用すると、いわゆる、「ボケ防止」になるとの報告が相次いでいる。

また介護老人ホームでは、いわゆる「加齢臭」の問題も無視できない。ホームで過ごす人たちが、ヒノキやニオイコブシやクロモジ等の香りを嗅《か》いで、気持ちよくなり、昔を懐かしみながら、和気あいあいと楽しく暮らす環境を創出することは、そこで献身的に働く若い人にとってもとても大切なことだ。現在、長寿社会文化協会（ＷＡＣ）は地域社会のネットワークをつくりつつあるが、このような場所でも「日本の森のアロマ」ｙｕｉｃａの香りはとてもよい触媒になるだろう。

一千万人以上の介護世代を抱えた日本が、その人々の扱いに失敗したなら、国の存亡にかかわってしまう。あなたの身の周りにも、団塊の世代を中心とした熟年者や老齢者がいると思うが、彼らが心身ともに健やかであるかどうかは、その周囲の人の日々の生活にも直接関係してきている。お互いに傷つけ合うか、お互いに喜び合うかは紙一重である。老人を厄介なものととらえるのではなく「温故知新」、老人の経験豊富な知恵をたずね、若者が新しい未来を創造できる空間ができたなら理想的である。

そこへ向かうためにも「日本産アロマ」は大切で重要な役割を担うことになると思う。

⑩ ホリスティックな予防医療
～医療と健康と美容の未来～

「ホリスティック」という言葉は、「全体的・包括的」という意味で、医療と絡んで「ホリスティックヘルス」などと言われるようになってきた。そして肉体の一部だけの欠陥を見つけ、そこを治すのでよいという考えから、徐々に肉体だけでなく精神も含めたホリスティックな健康管理をし、病気を予防した方がよいと思う人も多くなってきた。

特に近年、社会情勢の変化にともなう情報の氾濫や新型コロナによるパンデミック、環境の悪化によるとみられる災害などにより、多くの人が不安から日々ストレスを増している。かと思うと他方では特殊な情報産業や在宅関連産業、そしてアロマも含めた健康・美容産業は活性化している。

そこで、医療や健康に関してネットワークを再構築し、保健、福祉、介護、教育などの諸問題を社会的にホリスティックな見方で俯瞰し、個人の心身のホリスティックな視点と共鳴させることが求められつつある。そのためには、公教育だけでなく、社会教育による広範な意識改革が必要なようだ。

この壮大な試みを実現させるのは非常に難しく、それこそ国家レベルだけでなく、国際レベルの支援が必要であるが、これはなんとしてもやり遂げなくてはいけない現代の課題ともいえる。医者である父のあとを継がなかった私が、この年になって医学の分野にかかわるのは奇妙な巡り合わせだが、日本人の近い将来の医療や健康を考えた時、ホリスティックな予防医療は絶対に必要となる。

さらに、女性の美容の概念も変わりつつあり、化学製品で肌の表面だけを加工する化粧に飽き飽きしている人が多い。そんな中で、高感度の女性の要望に応じることができる自然素材を使った化粧品が、いまひとつ不足していると思う。また、美容は単にカラダの表面の問題ではなく、免疫系や自律神経系や内分泌系のバランスによる健康が基本である。それにはライスキャリアオイルも含めた「日本産アロマ」が寄与できると言える。さらに、身体だけでなく、美容と健康は、心の持ちようと大きく関係しており、古来からいわれているように「心まで美しい人が、最も美しい人だ」と私も思う。そのような、ホリスティックな健康と美容を創出するために日本産アロマを通して全力を尽くしたいと思っている。

⑪ 日本産アロマの今後の課題
～現状を直視し将来へ～

『アロマトピア』の一〇〇号記念号（二〇一〇年五月発行）には、アロマ界で草分けの頃からその科学的見地で指導し続けてきた三上杏平さん（故人）の「エッセンシャルオイルの現状と今後の課題」と題した記事が載っている。その中に「……精油は国内製造は皆無の状態で、業界では概ね海外からの直輸入販売のため、国内にて再チェックされての精油の品質規格書添付は非常に少ないのが現状のようです」とある。

この文章が寄稿された時は、三上氏はわれわれの事業を指導される以前であった。しかし、「業界では概ね海外からの直輸入販売」という現状はまったくもってその通りである。

精油の直輸入販売といっても、正確にいえば、かなりのものは発展途上国などで生産され、それが英国、フランス、ドイツ、ベルギーなどでチェックされ、それぞれの国で自国の需要に応じ売られる。他方で日本にも輸入され売られているということだ。

三上杏平氏

問題なのは、「国内にて再チェックされての精油の品質規格書添付は非常に少ない」という現状だ。これは、要するに「日本で売られている精油は、どこのどういう材料で、どう製造され、その精油の品質はどうなのかは輸入先の情報を鵜呑みにするしかない」という状態に、日本のアロマユーザーは置かれているということになる。このままではよくない。

精油がこのような現状にありながら、日本のアロマ業界は、世界一の精油の輸入国であり同時に世界一の使用量の国であるという。このように普及したのは、日本人は精油のように非常に面倒な使い方をしなければいけないことが比較的得意な民族だからなのかもしれない。今後その特性を生かし、健康や美の世界で精油が今以上の発展をするためには次のことが大切だ。

◎海外からの直輸入の精油のトレーサビリティを明確にし、そのエビデンス（証拠）を開示する。

◎海外からの精油の国内における再チェックを義務付けるシステムを確立する。

◎トレーサビリティが明確になりやすい日本産の精油生産を伸ばすためのシステム作りに力を入れる。

◎日本国内での精油の品質保証システムを確立し、保証書を義務化する

◎品質が保証され、成分が明確になったものの効能については、海外産も日本産もすべてについて、より多くの臨床実験を重ね、実証していく。

◎人々にアロマを広げるために、精油の特性を生かした、入浴製品や化粧品や香水などを開発し、より多くの人に使ってもらう。

このようなことが必要であると思うが、このことを実現するためには、さらに、

◎アロマが日本人の健康と新しい文化を創出しつつあるが、それと同時に経済効果がある、ということをより多くの人に知ってもらい、国家レベルや自治体レベルでもさらなるバックアップが不可欠であることを理解してもらう。

◎特に「日本の森からのアロマ」や「日本の畑で栽培したアロマ」が普及すれば、（オーガニックでなくてはならないがゆえに環境に寄与しつつ）林業や農業を発展させることになるので、日本産アロマ産

業の起業やその流通をスムーズにするシステムの創出を急ぐ。また、そのための資金投入と制度改革が必要であるので、これも大きなバックアップが必要なことを関係者が認識することが大切である。

⑫日本産アロマで環境と福祉の国づくり
～森の恵みが日本を救う～

「日本産アロマ」が、日本の環境と福祉に大いに役立ち、新しい国家ヴィジョンの大切な柱の一つとなる。こう言うと、そんな大げさな？　と、いぶかる人もいるので、その論拠を再度明確にしておこう。

前述のように、私たちは飛騨の山々を中心に、山からの野生の樹木の枝葉を中心に精油を抽出するための素材を採取しており、環境を基本的に破壊していない。いや、それどころか入る山はすべて人工林か二次林で、むしろ山の「手入れ」になっており、大いに環境保全に役立っている。枝葉しか採集しない場合は数年もしないうちに枝葉は自然に再生するし、ヒノキやアスナロ（ヒバ）は人工林の間伐材なので、これも林業に大いに貢献している。特に山で腐って二酸化炭素（CO_2）を出す間伐材や枝葉を集めることは間違いなく環境保全に役立つ。

また、地域の林業関係のＯＢを中心として雇用の促進になっていることも実証されている。このことも大変重要なことで、中山間《ちゅうさんかん》地域やへき地の活性化につながり、この一つの突破口が開かれると、例えば、キノコや山野草の林業副産物の生産と結び付けることもできる。なにしろ『野生』という人間の敵だと思われていたものを、人間の健康に役立てるという「発想の逆転」の価値を、何より深く理解してほしい。そして、今や時代はアロマだけでなく、食料も衣料もオーガニックこそよいものだという認識が世界中に広がり、その中でも『野生』こそが一番尊ばれる存在になっている。この本質がわかったら「中山間」や「へき地」こそが、これから一番の希望の持てる地域ということになる。

都会にはびこるストレスから生じる生活習慣病、

特に死因の一位を占めるがんの予防に対してアロマが有効である可能性が示唆されつつあるが、もしこれが実証段階に進めば、健康と福祉に大きな変化をもたらす。また、同じく都会のストレスから生じる精神的な障害の予防にもアロマセラピーに可能性が見出され始めたが、これまた極めて重要なことである。ストレスによる精神的な障害は確かに個人が置かれた環境などに起因することが多く、絶対的に予防できる条件を整えるのは無理といってもよい。しかし、その本人が他者との関係や仕事関係の中で受けるストレスを解消する方法がアロマの関連で見つけられたり、また、本人の周囲の人がアロマにより不必要なストレスを当人に与えなくなる可能性がある。これらのことにより、都会の精神的環境はかなりよくなる可能性もあるのだから、これは国家にとっても最優先課題の一つだといえる。

福祉に関しても、重病になってからその人を手厚く介護することが現在は一番の重点課題になってしまっている。重病になってしまった人の面倒を見るのも大切でそのことを否定はしないが、やはりそれには多大な労力と費用がかかってしまう。これは新型コロナウイルス対策で実証済みだ。したがって、まだ健康な人や未病の人に、少ない労力と少ない費用でできるだけのことをするのが、非常に大切な課題だ。とりわけ日本は、前述の団塊の世代というとてつもなく大きな人口分布の重心を持っている国で、また同時にその世代のジュニアも生活習慣病を発症する年代に達する。そして、不況も手伝って都会でのストレスがさらに大きくなった場合、日本の医療や介護システムは崩壊が間違いないといわれている。となれば、介護施設の入居者もそうだが、施設で働く人へのアロマセラピーの投入が急務であろう。

アロマセラピーを中心とした健康癒やし産業は、予防医学的に必要不可欠であり、それが人々の健康を良化することができる。しかもそれが、環境まで保全し、地方創生の最大の目玉である「健康に寄与する食料生産」を補完するとなれば、これは、国づくりの根源を支える最重要課題に、すえてよいだろう。

おわりに

『日本の森から生まれたアロマ』を書いてから一〇年の月日が流れた。一〇年ひと昔なので古い情報を消し、新しい視点も加えリニューアルした。しかし、意外にも基本姿勢では時代を超えて当を得ている表現があり、それはそのまま残した。

また、新型コロナのパンデミックがあり世の中が大混乱でそれを十分に踏まえた。

そのような昨今の乱れの中にあっても、植物は比較的もの静かに落ち着き、動揺の色を見せない。また、人間の横暴極まりない破壊行為に対しても抗議の声もあげず、すんなりと命を絶ったりする。もちろん、植物とて殺されることが嬉しいわけではない。なのに、あの潔《いさぎよ》さ。

時代の大変革期にあることを多くの人が、声高に叫んでいるが、本当の変革とは何なのだろう？　パラダイムを本格的に変えなければ、人類は生き延びられない！　ともいわれているが、そのシフトの仕方が今ひとつ不明確だ。私は二一世紀になると同時に「日本産アロマ」を本格的に研究し始めた。アロマという植物のエッセンスを研究する中で、人間と植物の関係を見なおすことで意外と未来が見えてくるのではないか？　と思い始めた。地下資源をひたすら掘り出して、地上の植物たちを虐待し続けていた人類が、そのことを本気で反省して、植物を再評価しなおすことが、根本的な変革に結びつくのではないかと考え始めた。

アロマを愛好する人の中には、アロマでひたすら自分の欠点を補おうとする人がいる。しかも、即座にその効能を求めたがる人もいる。「アロマの元がどういう植物だったかなんて、どうでもいいから、私を元気にして、私を美しくして」と、強い要望をむき出しにする人もいる。しかし、植物への日頃の理不尽さを省みることなく、植物からの恩恵ばかりをあてにするのは、やはり誉められたことではない。アロマの効能を期待するなら、植物のたゆまぬ努力に感謝の気持ちを持ちたいものだ。

植物への感謝と同時に、この本の中身や日本産アロマの開発に携わってもらった人々に感謝をしなければいけない。あまりに多いので、この本の巻末に名前だけを列挙させてもらった。名前をあげてはいないが「日本産アロマ」の誕生にひとかたならぬ協力をしてくれた人も多い。何しろ手さぐりでここまで来たので、本業のオークヴィレッジの人々にも多くの迷惑をかけたし、一時、アロマ病のようになり、親しい人々とも疎遠になったりした。この場を借りて、お詫びとお礼を言いたい。

また、次世代を切り開く若者にぜひとも伝えたいことがある。「森での心身の健康回復」「小径木の利用」「森からの食料を含めた副産物」そして「森のアロマ」という、今まで評価されなかった森の価値を世に広めるために、私たちがかつて農家の納屋で無一文で挑戦した時に負けない勇気で、若き後継者が立ち向かってほしいと願う。森と心身の健康について勉強し、研究し、実践すべきことは数限りなくある。大変な時代だからこそ、新しく開ける世界があると思う。

稲本　正

この本にご協力いただいたみなさん（五十音順・敬称略）

浅井 隆彦（日本アロマコーディネーター協会・常任理事）
浅野 房世（東京農業大学・教授）
アネルズ あづさ（株式会社Blue ink・代表取締役）
阿部 博幸（九段クリニック・名誉院長）
荒川 秀俊（昭和大学・名誉教授）
井上 重治（薬学博士・故人）
今井 貴規（名古屋大学・准教授）
今井 一（岐阜大学・教授）
碓井 修（日本月桃株式会社・代表取締役）
エコ・アース・エンジニアリング株式会社
恵良 聖一（岐阜大学大学院・元教授）
折敷地 智（株式会社共栄製作所・前代表取締役）
木村 保司（日本アロマコーディネーター協会・事務局長）
株式会社 クロスフィット
纐纈 守（岐阜大学・教授）
重永 忠（株式会社生活の木・代表取締役）
重松 浩子（日本アロマコーディネーター協会・講師）
清水 聖幸（熊本大学・副学長）
鈴木 理惠（社団法人日本アロマ環境協会・理事 、有限会社エイアールエス・代表）
高林 純示（京都大学・教授）
津野田 勲（フレグランスジャーナル社・顧問）
中村 桂子（JT生命誌研究館・名誉館長）
長田 拓哉（東邦大学・准教授）
成澤 由浩（NARISAWA・オーナーシェフ）
南原 由美（癒しの空間ポノポノ）
C.W.ニコル（一般財団法人C.W.ニコル・アファンの森財団創設者・故人）
野中 ともよ（NPO法人ガイア・イニシアティブ・代表）
橋本 秀秋（有限会社東京製作所・代表取締役）
長谷川 記子（有限会社チェリッシュ・インターナショナル・代表取締役）
姫野 純子（アロマスペースニコ・代表）
福島 和彦（名古屋大学大学院・教授）
本間 請子（元アロマセラピー学会・元会長、医師）
前原 ドミニック（アロマ・フランス株式会社・代表）
三上 杏平（ハーブ&アロマアドバイザー・故人）
光永 徹（岐阜大学・教授）

飛騨高山森林組合及び組合員のみなさん
オークヴィレッジ株式会社・社員
正プラス株式会社・社員

『yuica 日本産精油総合講座』が受講できる主なアロマスクール

◎フェリーチェセラピストスクール　代表：飛鳥聖奈
北海道札幌市中央区大通西1丁目15番地 大通KHビル5階／ https：//idea-aroma-school.com/

◎森のかおりのつたえびと　代表：田中愛
山形県／ https：//www.facebook.com/aiyuna1111/

◎自然療法アロマセラピースクールSold　代表：栃内恵子
岩手県盛岡市内丸1-6 ／ http：//aromasold.com/therapy/index.html

◎ナチュラルセラピー心緑　代表：佐藤智子
宮城県仙台市青葉区昭和町2-23 ノーヴス・アーバンビル701 ／ https：//sin-ryoku.com/

◎アロマスクールラヴァーレ　代表：菅野千津子
（銀座校）東京都中央区銀座2-7-10 銀座マロニエテラス6階／ Tel：03-6228-6383
（横浜校）神奈川県横浜市中区山下町27 プロシード山下公園ザ・タワー 1605 ／ Tel：045-222-7170
（船橋校）千葉県船橋市本町5-2-15 松寿ビル2F ／ Tel：047-407-3344 ／ https：//japanesearoma.com/

◎アロマセラピーサロンClear Sky　代表：島崎尚美
東京都葛飾区柴又1丁目／ https：//www.clearskyaroma.com/

◎吉祥寺アロマ&ハーブ教室　ボタニカルガーデン　代表：小川高根
東京都武蔵野市／ https://botanicalgarden-aroma.com/

◎アロマセラピーサロン&スクールkukuna　代表：高橋久美子
神奈川県横浜市旭区市沢町833-2 ／ https：//www.aroma-kukuna.com/

◎日本産精油専門アロマステーション凛々香　代表：小林摩希
https：//ririkaroma.wixsite.com/-site

◎柏たなか整体矯正&アロマのお店Trone　代表：大内春佳
千葉県柏市船戸1-17-21 ／ http：//trone.jp

◎中医アロマサロン&スクールtanpopo　代表：野口祥子
神奈川県横浜市瀬谷区瀬谷4-20-6 ／ https：//www.tanpopo-tcmaromaschool.com/

◎アロマスクール横浜セレッサ　代表：橋山かおる
神奈川県横浜市保土ヶ谷区新桜ヶ丘2-24-20 ／ http：//www.cereza-aromaschool.com/

◎野枝アロマ　代表：中村姿乃
東京都杉並区西荻北2-9-15 ／ https：//noe-aroma.com/

◎Herb&Aroma kumincure　代表：角本久美
神奈川県藤沢市辻堂大平台二丁目5番地1号 フォーブル大平台105 ／ https：//kumincure.net/

◎メディカルアロマサロンフィオリーレfiorire　代表：鵜飼喜周野
千葉県市川市／ https：//ameblo.jp/1522pero0624/

◎南葉山リトリートSPA 海と森と　代表：安藤美佳子
神奈川県横須賀市秋谷5404-5-204 ／ https：//umitomorito.com/

◎フィトセラピーサロン結街　代表：宮崎隆子
茨城県結城市結城544-2 ／ http：//yuimachi.com/

◎アロマセラピースクール アロマ・フィエスタ　代表：五十嵐知子
長野県東御市／ https：//aroma-fiesta.jp/

◎アロマテラピースクールアロマレーヌ　代表：真木美智代
新潟県新潟市／ http：//www.aromareine.com

◎アバンダンスアロマテラピー&ハーブ　代表：長谷川由美
富山県富山市八尾町新田5182-2 ／ http://www.abundance.co.jp/index.html

◎fiolibeearoma（フィオリビィアロマ）　代表：鉢呂美香
石川県金沢市高柳町／ https://www.fiolibeearoma.com/

◎Aroma ～ yu（アロマーユ）　代表：牛山真由美
愛知県名古屋市東区泉1丁目14-23　ホワイトメイツ2階／ http://aroma-yu.jp/

◎5/R 自然の薬箱　代表：千田のぶこ
愛知県名古屋市千種区今池1-2-7 健康文化館／ https://five-r.co.jp/

◎神谷デンタルクリニック　代表：神谷久美子
愛知県岡崎市竜美台1丁目6-2 ／ https://kamiyadental.com/

◎アロマとハーブの専門店KANON ～香音～　代表：安田由佳
三重県津市栄町3丁目258-6 イーストサイドビル2階／ https://kanon-aromaherb.com/

◎Douce Fleur（ドュースフレール）　代表：虎井美侑季
岐阜県高山市総和町3丁目49-1 ／ http://www.douce-fleur.com

◎Natural Body Care 花蓮　代表：高見純子
岐阜県羽島郡岐南町八剣6丁目50-1 ／ https://706184.com/

◎キャラアロマテラピースクール　代表：下川路さやか
大阪府大阪市北区角田町2-15　シログチビル3F（大阪梅田校）／ Tel：050-3536-7683
https://cara-club.com/

◎Prizmメディカルサロン　代表：門脇ひろみ
兵庫県川辺郡猪名川町／ https://prizm2020.storeinfo.jp/

◎MIMPI Aromatherapy & Balinese massage　代表：土屋藍
大阪府堺市堺区東雲西町1 ／ http://www.mimpi-aroma.com/

◎aroma room ひなな　代表：網本美奈子
岡山県倉敷市本町10-6 ／ https://www.hinana.jp/

◎aroma switch　代表：宮部てつお
山口県岩国市／ http://aroma-switch.main.jp/

◎Renati tura　代表：徳田育子
徳島県板野郡松茂町中喜来字中瀬中の越4-6 ／ https://www.renati-tura.com/school/

◎アロマセラピースクール&サロン Full Bloom（フルブルーム）　代表：上屋香
大分県大分市／ http://fullbloom.area9.jp/

『yuica 日本産精油総合講座』が受講できる主なアロマスクールについての問い合わせ先
◎正プラス株式会社　Tel：0577-68-3088

日本産の精油ほかアロマ関連用品取り扱い店

◎オークヴィレッジ青山　〒107-0061　東京都港区北青山三丁目4番3号 ののあおやま1階
Tel：03-6447-2581 ／ https://www.oakv.co.jp/locations.html

◎オークヴィレッジ自由が丘　〒152-0035　東京都目黒区自由が丘2-15-22
Tel：03-5731-3107 ／ https://www.oakv.co.jp/locations.html

◎slow slow slow　〒223-0062　神奈川県横浜市港北区日吉本町1-18-25-102
Tel：045-534-9128 ／ https://slow3.jp/

◎オークヴィレッジ高山（Heart of Oak）　〒506-0101　岐阜県高山市清見町牧ヶ洞846
Tel：0577-68-2220 ／ https://www.oakv.co.jp/locations.html

◎オークヴィレッジ大阪　〒530-8350　大阪府大阪市北区角田町8-7　阪急うめだ本店10階『うめだスーク』北街区
Tel：06-6313-9657（直通）／ https://www.oakv.co.jp/locations.html

◎株式会社 エコロギー四万十　〒786-0303　高知県高岡郡四万十町希ノ川57番地
Tel：0880-29-4025 ／ http://eco-shimanto.co.jp

◎日本月桃株式会社　〒900-0016　沖縄県那覇市前島2-15-12
Tel：098-869-1222 ／ http://www.gettou.top

主なアロマ関係団体

◎公益社団法人 日本アロマ環境協会　〒151-0051　東京都渋谷区千駄ヶ谷5丁目21番12号 S-FRONT代々木7階
Tel：03-6384-2861

◎日本アロマコーディネーター協会　〒171-0022　東京都豊島区南池袋1-25-9 今井ビル5階
Tel：03-5928-3100

◎NARD JAPAN（ナード・アロマテラピー協会）　〒400-0105　山梨県甲斐市下今井3407
Tel：0551-30-8155

◎IFA国際アロマセラピスト連盟　英国

◎IFPA 国際プロフェッショナルアロマセラピスト連盟　英国

参考資料一覧

『アロマテラピー〈芳香療法〉の理論と実際』ロバート・ティスランド著（高山林太郎訳）フレグランスジャーナル社●『ジャン・バルネ博士の植物=芳香療法』ジャン・バルネ著（高山林太郎訳）フレグランスジャーナル社●『アロマテラピー事典』パトリシア・デービス著（高山林太郎訳）フレグランスジャーナル社●『ホリスティック・アロマテラピー ――芳香療法のすすめ』ロバート・ティスランド著（高山林太郎訳）フレグランスジャーナル社●『香りでリラクセーション』講談社●『NARD ケモタイプ精油事典』NARD JAPAN●『NARD ケモタイプ精油事典 実践集』NARD JAPAN●『ベーシックアロマテラピーの事典』林真一郎編 東京堂出版●『ガンを癒すアロマテラピー』阿部博幸監修/長谷川記子著 リヨン社●『動物のためのアロマテラピー』ネリー・グロジャン著（バーグ文子訳）フレグランスジャーナル社●『ナード・アロマテラピーセミナー ドミニック・ボドゥー テープ起こし総集編』NARD JAPAN●『アーユルヴェーダとアロマテラピー』ライト・ミラー /ブライアン・ミラー著（上馬場和夫 /日高陵好/名雪いずみ/西川眞知子訳）フレグランスジャーナル社●『アロマテラピーを学ぶためのやさしい精油化学』E・ジョイ・ボウルズ著（熊谷千津訳）フレグランスジャーナル社●『ハイドロゾル』スーザン・カティ著（川口健夫/川口香世子訳）フレグランスジャーナル社●『手作りの自然香水ハンドブック』フレート・ヴォルナー著（畑沢裕子訳）東京堂出版●『花粉症をすっきり解消する!アロマ&ハーブライフ』多田浩子著 インフォレスト●『エッセンシャルオイル&ハーブウォーター 375』ジニー・ローズ著（飯嶋慶子訳）BABジャパン出版局●『生命と若さの秘密』マルグリット・モーリー著（上杉真理訳）林伸光監修 メディアート出版●『医師が教えるアロマセラピー』川端一永、吉井友季子共著 世界文化社●『ガットフォセのアロマテラピー』ルネ=モーリス・ガットフォセ著 ロバート・ティスランド編著（前田久仁子訳）フレグランスジャーナル社●『エッセンシャルオイル総覧2007』三上杏平著 フレグランスジャーナル社●『メディカル・アロマセラピー――補完・代替医療』今西二郎著 金芳堂●『アロマテラピー図解事典』岩城都子著 高橋書店●『カラーグラフで読む精油の機能と効用』三上杏平著 フレグランスジャーナル社●『アロマテラピストのための最近の精油科学ガイダンス』三上杏平著 フレグランスジャーナル社●『アロマテラピーの教科書』和田文緒著 新星出版社●『サイエンスの目で見る ハーブウォーターの世界』井上重治著 フレグランスジャーナル社●『アロマ療法大全』モニカ・ヴェルナー /ルート・フォン・ブラウンシュヴァイク著（バンヘギ裕美子訳）産調出版●『中医アロマセラピー 家庭の医学書』有藤文香著 池田書店●『ストレスケアのためのアロマテラピー』安珠著 東京堂出版●『アロマテラピーのきほん事典』渡邊聡子監修 西東社●『樹木の顔』日本木材学会 抽出成分と木材利用研究会編 海青社●『ハイドロゾル -新訳』スーザン・カティ著（川口健夫/川口香世子訳）フレグランスジャーナル社●『においの心理学』綾部早穂/斉藤幸子著 フレグランスジャーナル社●『エッセンシャルオイルの科学』亀岡弘著 フレグランスジャーナル社●『香り分子で生物学を旅する』大瀧丈二著 フレグランスジャーナル社●『香りの科学はどこまで解明されたか』青島均著 フレグランスジャーナル社●『日本森林樹木図譜』白澤保美著 講談社

その他アロマ関連雑誌

『Aromatherapy Environment』日本アロマ環境協会会報誌、『Column/香羅夢（コラム）』日本アロマコーディネーター協会会報誌、『aromatopia』フレグランスジャーナル社、『Aroma Research』フレグランスジャーナル社、『セラピスト』BABジャパン出版局

著者　稲本 正（いなもと ただし）

1945年、富山県生まれ。72年、長野県大町市近郊に山小屋を造り、工芸村構想を立てる。74年、オークヴィレッジを岐阜県高山市内に創設。76年、旧・清見村に工芸村としてのオークヴィレッジを建設。94年、『森の形 森の仕事』（弊社刊）で毎日出版文化賞を受賞。「森の惑星」プロジェクトで世界の森林地帯を訪ねる。現職はオークヴィレッジ（株）会長、正プラス（株）会長、NPO法人ドングリの会会長、東京農業大学客員教授、岐阜県教育委員など。
主な著書に、『緑の生活』（角川書店）、『森の惑星』『森の旅 森の人』（ともに弊社刊）、『ソローと漱石の森』（日本放送出版協会）、『森の自然学校』（岩波新書）、『森の博物館』（小学館）、『脳と森から学ぶ日本の未来〜共生進化を考える』（WAVE出版）などがある。

［オークヴィレッジ・ホームページ］
http://www.oakv.co.jp

［yuica ホームページ］
http://www.yuica.com

編集／小穴康二（編集部）　中島敦子
撮影／鈴木一彦（小社写真部）
写真協力／オークヴィレッジ株式会社　正プラス株式会社
編集協力／三上杏平
カバー・本文デザイン／SONICBANG　下舘洋子（bottomgraphic）
イラスト／岸より子
校正／土橋寿江　株式会社ヴェリタ
DTP／株式会社明昌堂

※本書は2010年に当社より刊行した『日本の森から生まれたアロマ』に、
加筆・修正し新規の情報などを追加して再編集したものです。

日本の森のアロマ　〜人と地球の未来を結ぶ〜

発行日　2021年11月10日 初版第1刷発行

著者　稲本 正
発行者　秋山和輝
発行　株式会社世界文化社
〒102-8187 東京都千代田区九段北4-2-29
TEL　03-3262-5124（編集部）
TEL　03-3262-5115（販売部）

印刷・製本　大日本印刷株式会社

ISBN978-4-418-21419-8